少儿环保科普小丛书

城市生态与环境

本书编写组◎编

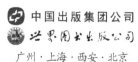

中国出版集团公司

世界图书出版公司

广州·上海·西安·北京

图书在版编目（CIP）数据

城市生态与环境／《城市生态与环境》编写组编.
— 广州：世界图书出版广东有限公司，2017.4
ISBN 978 - 7 - 5192 - 2820 - 0

Ⅰ．①城… Ⅱ．①城… Ⅲ．①城市环境 – 环境生态学 –
青少年读物 Ⅳ．①X21 – 49

中国版本图书馆 CIP 数据核字（2017）第 072450 号

书　　名：城市生态与环境
　　　　　Chengshi Shengtai Yu Huanjing

编　　者：本书编写组
责任编辑：康琬娟
装帧设计：觉　晓
责任技编：刘上锦
出版发行：世界图书出版广东有限公司
地　　址：广州市海珠区新港西路大江冲 25 号
邮　　编：510300
电　　话：(020) 84460408
网　　址：http://www.gdst.com.cn/
邮　　箱：wpc_ gdst@163.com
经　　销：新华书店
印　　刷：虎彩印艺股份有限公司
开　　本：787mm×1092mm　1/16
印　　张：13.25
字　　数：202 千
版　　次：2017 年 4 月第 1 版　2019 年 2 月第 2 次印刷
国际书号：ISBN 978 - 7 - 5192 - 2820 - 0
定　　价：29.80 元

前　　言

　　当今社会，由于科学技术的不断进步、世界经济的迅猛发展，以及城市化的发展，人类的生存环境发生了翻天覆地的变化。先人的许多梦想已经或正在逐步变成现实。这是很令人欢欣鼓舞的。

　　但人类在 20 世纪中叶开始了一场新的觉醒，那就是对环境问题的认识。残酷的现实告诉人们，人类经济水平的提高和物质享受的增加，在很大程度上是以牺牲环境与资源换取得来的。环境污染、生态破坏、资源短缺、酸雨蔓延、全球气候变化、臭氧层出现空洞……正是由于人类在发展中对自然环境采取了不公允、不友好的态度和做法的结果。而环境与资源作为人类生存和发展的基础和保障，正通过上述种种问题对人类进行着报复。可以毫不夸张地说，人类正遭受着严重环境问题的威胁和危害。这种威胁和危害关系到当今人类的健康、生存与发展，更危及地球的命运和人类的前途。经验教训促进了人类的严肃思考。

　　工业革命以后的城市，特别是大城市，给人类带来了空前丰富的物质财富和精神财富，在社会经济发展中的地位日益突出。但它同时也给人类带来诸多麻烦，城市环境问题丛生而令人困惑，例如热污染、城市热岛效应、城市污水的排放和城市垃圾的处理等等。

　　环境问题既然是由于人类对环境的不正确态度所造成，也就只能依靠改变人类对环境的态度来解决。历史已经记录了 20 世纪 60 年代以来的一系列重大事件，其中最突出的是联合国召开的两次大会：1972 年在瑞典斯德哥尔摩召开的人类环境会议和1992年在巴西里约热内卢召开的环境与发展大会。两次大会的主要成果是明确了保护环境必须成为全人类的一致行动，保护环境主要应改变发展的模式，将经济发展与保护环境协调起来，走可持续发展的道路。

环境科学技术虽然是保护环境所必不可少和迫切需要的，却远不是唯一有效的。为了保护环境，走可持续发展的道路，起根本作用也是最迫切需要的，是全人类的觉醒和一致行动。从高层的决策人物到普通的老百姓，从工、农、商、学、兵各行业到政治、法律、经济、文化、科技各界，无一例外地与环境问题密切相关，并对环境保护起重要的作用。尤其是年轻的一代，他们将是未来世界的主人，他们的意识、伦理、知识、信念，都将在极大程度上决定着世界的未来。

本书的主要内容包括：人与环境、全球性环境问题及国际合作、城市生态系统概述、环境保护与生态城市规划、城市环境污染与治理、城市能源和环境问题。本书的特点是，它融社会科学和自然科学为一体；涉及了科学知识和思想意识；既揭露了城市化带来的环境问题，总结了教训，又论述了人类对这些问题进行严肃思考的结论，阐明了解决问题、寻求光明前景的战略和措施。

目 录
Contents

人与环境

人类的环境

人类环境的概念及分类

　　人类的环境，即人类的生存环境，它是影响人类生存和发展的所有外界条件的总和。恩格斯说："人的生存条件，并不是当他刚从狭义的动物中分化出来的时候就现成具有的，这些条件只是由以后的历史发展才造成的。"换言之，即人类自诞生之日起就不像动物那样仅仅以自己的身体去被动地适应生存条件，而是通过自己艰辛的劳动去主动改造生存条件。

　　因此，人类的生存环境不同于生物的生存环境，同时也并非单纯的自然环境。以内容和性质来分，人类的环境可以分为社会环境和自然环境两大部分。社会环境是指人们生活的社会经济制度和上层建筑所造成的环境条件，如构成社会的基础及其相应的政治、法律、宗教、艺术、哲学的观念和机构等。又如人类的定居、人类社会发展各阶段的情况和城市建设等

人与自然

等，都属于社会环境的内容。它是人类在物质资料生产过程中，共同建立起来的生产关系的总和。我们说每一个人都不能离开社会单独生活，就是指人总生活在社会环境中。自然环境是人类赖以生存和发展的必要的物质条件，是人类周围各种自然因素的总和，即客观物质世界或自然界。

人类的社会环境和自然环境之间，有着密切而又复杂的关系。人类在改造自然环境的过程中建立和发展了自己的社会环境，同时也给自然界深深地打上各种人类社会活动的烙印。它们相互促进或制约。由于人们对这一关系的研究刚起步，更由于自然环境对人类的影响是带有根本性的，因此，当前环境科学所讨论的环境主要是指自然环境。不过应当指出：通常引发一个环境问题的社会因素与自然因素总是一起作用的，因此，把社会环境与自然环境加以统一讨论是寻求最佳解决办法的有效途径。

以环境范围的远近大小并且侧重于自然环境方面来分，人类的环境又可以由小到大分为聚落环境、地理环境、地质环境和宇宙环境。

（1）聚落环境

聚落环境是指人们平常聚居与活动范围内的局部自然环境。它又可分为院落环境、村落环境以及城市环境等等。聚落环境具有明显的人工环境特征，其环境要素有空气、水、土壤、阳光、食品等。这是被人类首先污染，同时又首先被列为环境保护前沿阵地的环境范围。

（2）地理环境

地理环境由大气圈、水圈、土壤圈、岩石圈相互交错渗透而构成。这一环境范围与人类的生产生活密切相关，直接影响着人类的生存质量，并且具有鲜明的区域特点。例如，沙漠与河流三角洲，其地理环境差别就非常之大。

（3）地质环境

地质环境主要指地下坚硬的地壳层，可延伸到地核内部。它可向人类提供矿产资源和化石燃料（煤、石油、天然气），同时也可能产生地震、火山爆发等灾害来影响人类的生存。

（4）宇宙环境

宇宙环境是指包括整个地球直到大气圈以外的宇宙空间。它是人类已经开始扩展和进军的、对其满怀憧憬的巨大环境领域。

目前人类的活动范围主要还在生物圈的范围之内，即大约高不超过珠穆朗玛峰，深不超过太平洋最深处的马利亚纳海沟，厚度为20多千米的这个地表圈层内，基本上与地理环境的范围相近。该圈层为地球上所有的生物

宇宙环境

提供了空气、水、土壤、岩石、阳光等生存条件，使得一切生物都在其间各得其所、繁衍生息，因此称之为生物圈。生物圈赋予了地球无限生机。

人类的诞生及启示

恩格斯曾经指出："人本身是自然界的产物，是在他们的环境中并且和这个环境一起发展起来的。"科学事实明晰地告诉我们：环境创造了生物，生物又改变了环境。生物与环境的统一才有了生命的世界，才有了生物从低级到高级的变化。这就是地球生物圈的演变历史。

人类的诞生过程

让我们带着"温故知新"的目的，穿越漫漫时空，去翻赏地球那奇丽壮观惊心动魄的生命孕育成长画卷吧。

大约46亿年前，地球刚由一团熔融火球冷却成为具有坚硬岩石圈壳的行星，死寂地绕着太阳运行。它外受太阳和宇宙射线的高强度辐射，内受

3

高温高压岩浆的剧烈冲击。于是地球骤冷骤热，地震不断，火山爆发不绝，并且其中的元素起化学反应，不断有甲烷、氨等气体分子和水分子生成。

如此历经10亿年，终于形成了环绕全球的无氧大气圈和覆盖地表的水圈。但是，此时的地球依然是一个绝对的无机环境。内外力的继续作用又造成了陆地、海洋和大气的分化，为生命的出现准备了必要的物质条件。继而又在闪电能量的作用下，大气中的氨和甲烷溶于海水中，变成复杂的蛋白质分子，这些蛋白质分子聚集在一起就形成了最初有生命的简单细胞。于是，地球生命就这样在原始海洋中孕育。大约距今32亿年前，在海洋中出现了无细胞核的原始生物——细菌和蓝藻。

由于蓝藻能进行光合作用产生氧分子，大气中才开始积累氧气，生命也实现了由无氧发酵进化到有氧呼吸的飞跃。又过了15亿年，具有真核细胞的绿藻类植物出现，它更强烈的光合作用加速了大气中的氧浓度，又使生命进化实现了由无性繁殖到有性繁殖的飞跃。距今7.5亿年前，简单的海洋生态系统出现，并且诞生了最简单的原生动物。大约距今4.2亿年以前，由于大气中氧的浓度超过了10%，于是受宇宙射线和紫外线作用，臭氧层形成。臭氧层的出现对生命的发展具有重大意义：它有效地吸收了大量的太阳紫外线，使生物免受致命的杀伤，这就给海洋植动物的登陆创造了必要条件。

于是在距今4.2亿~3.5亿年前之间，海洋中的光蕨类植物成功登陆，大地绿化，并且昆虫和节肢动物出现。距今3.5亿年前，陆地已普遍绿化，在海中经历了30亿年进化而成的脊椎动物登陆成功。又在距今1.8亿年前，地球上已经呈现勃勃生机：以裸子植物为主的热带雨林铺天盖地，爬行动物恐龙四处横行。接下去就是迄今也说不清楚的突发性灾难降临：在短时间内，恐龙灭绝，雨林退毁。又过了3000万年，陆地生机才得以复苏，以被子植物为主的热带雨林替代了裸子植物雨林，哺乳动物不仅进化成形而且取代了昔日恐龙的地位。这一次动植物的演替奠定了今天生物圈的基础。

到了距今数百万年的时候，地球上湿热的气候逐渐变得干燥寒冷，导致雨林退减草原出现。于是，由距今7000万年前哺乳动物中分化出来的叫灵长类动物中的一支，被迫告别它们无忧无虑的树上生活而来到地上。这就是半地栖古猿。为了觅食和防敌，它们开始直立以环视草原上的情景。紧接着地球上普遍发育第四纪冰川，森林大面积消灭，很多生物死亡。这时，形态结构适于地面生活的古猿被选择下来得以生存和发展。最后又从古猿中分出一支向人类发展的支系——拉玛猿。

当拉玛猿完全确立了直立姿态并且开始用手制造简单工具时，地球上奏响了其生命进行曲的最动人的乐章：人和猿分家了！人类诞生了！从此地球进入了光辉灿烂的人类历史的时代。

此后，人类在地球生物圈的怀抱中又成长了200多万年。尽管在距今约5000年以前，人类脱离了野蛮而开始了自己的文明历史，但是始终未能脱离也无法脱离生物圈的怀抱。

以上的地球生命史告诉我们：人类是地球发展到一定阶段的产物；人类的诞生、生存与发展从来离不开地球环境，更具体来说就是离不开地球生物圈这个环境。地球生物圈孕育和养育了人类，它是人类名副其实的母亲，是人类当思尊重、当思回报之所在。

地球生命进化的潺潺流水流淌几十亿年，才变成了川流不息的长河，可见地球生物圈的形成是何等来之不易。而没有生物圈，就绝不可能有人类的昨天和今天。

因而我们应该得到这样的启示：善待并珍惜生物圈，善待自然环境。因为它们无论过去、现在或将来，都是人类赖以生存和发展的基础。如果我们毁了这个以生物圈为主体的自然环境，就等于毁了自己和子孙后代的生存之路。因此，善待自然环境就是善待人类自己。

"人类—环境"系统

从人类诞生之日起，地球的水圈、大气圈、岩石圈、土壤圈和生物圈就自然而然地构成了他生存的自然环境。人类数百万年来的发展史，就是人类不断地与自己的这一生存环境相互作用、相互制约的历史。他们构成了一个对立统一体，我们可称之为"人类—环境"系统。

这个系统在不断地运动着。人类的近代文明史清楚地表明：当人类与环境的关系比较和谐时，这个系统一定是处于欣欣向荣的平衡的良性循环状态。而当人与环境的关系不和谐时，这个系统就呈现出一种严重失衡的恶性循环状态。在前一种情况下，人的生存环境就比较优越，而在后一种情况下，人的生存环境就遭到恶化。例如，我们爱护森林和植被，则环境美好，气候宜人；而如果我们毁林毁植被，则环境回敬我们的将是狂风怒号、飞沙走石。显然，我们"保护环境"的实质，就是协调人与环境的关系，以保证"人类—环境"系统的良性动态平衡。"人类—环境"系统的概念，使我们在思考和解决环境问题时有一个整体全局观，它十分有助于我们寻求到最具远见卓识而且最有效果的解决问题的方法。

人类环境的恶化

人类环境问题的产生和发展

我们把人类环境的劣化、恶化或者潜在危机简称为环境问题。人类的环境问题可以分为 2 类：①由自然界自身变化所引发的"天灾"，如地震、台风等，叫作原生环境问题或者第一类环境问题。②由人类的活动所引发的"人祸"，如臭氧层空洞等，叫作次生环境问题或者第二类环境问题。目前环境科学所研究的主要是后者。

人类的环境问题由来已久，并且经历了 4 个发展阶段。而阶段的划分是以当时人类与自然界的相互关系为准绳的。

人类生存环境恶化

第一阶段是大自然为主人而人类为奴隶的阶段，即人类之初。在这一阶段，人类改造自然的意识和能力都很弱，因此其行为主要是被动地适应和利用环境。为解决饥荒，他们被迫学会吃一切可以吃的东西，或者扩大自己的生活领域。那时候人类活动所造成的环境问题与无知的野生动物觅食而引起的环境破坏力度相仿，而且由于大自然的自我修复功能，这类破坏并未对自然产生太大伤害。

第二阶段是人类与大自然"平起平坐"相互抗衡的阶段。自从人类有了畜牧业和农业之后，他们改造自然的意识和能力节节上升，以至达到能与自然界抗衡的地步。在这阶段上，人类开始了诸如毁林开荒、围湖造田、兴修水利等规模较大的改造自然的活动。这些活动虽然大大提高了人类的社会生产力和生活文明，但是也相应造成了显著的环境问题。例如我国古代黄河流域大面积森林被砍伐而形成水土严重流失、生态脆弱的黄土高坡，以及古巴比伦文明的发源地——美丽富饶的美索不达米亚平原由于过度垦伐而沦为不毛之地等等。这一阶段占据人类历史的几千年。其特点是人类对自然界虽然有了较严重伤害，但是这种伤害仍局限于某区域，尚未对全球环境造成威胁。

第三阶段是人类把大自然当做奴隶的阶段。这个阶段是人类进入工业社会以来的短短的几百年。自人类发明蒸汽机以后，人类改造征服自然的意识和能力突飞猛进，并逐渐进入了"人定胜天"的自由境界。在这个阶段，人类征服大自然的斗争取得了惊人的成就，人类的物质文明进入了一个空前未有的繁荣时期。但是，由于人类采取的是一种对大自然进行掠夺式索取的手段，因此，对大自然也造成了惊人的伤害。这个阶段的特点是所产生的环境问题都远远超越地区界线以至于对全球环境质量产生严重的破坏。例如全球性酸雨危害和全球性温室效应的危害等等。

第四阶段是人类视大自然为朋友的阶段。直到最近30年，人类才从自我陶醉中猛醒。因为人类遭到了大自然的报复。人们发觉：虽然他们眼前的小范围内的生活似乎越来越好，但是他们长远的全球范围内的环境质量却越来越糟。他们污染了空气和水源，污染和劣化了土壤，捅出了南北两个臭氧层空洞导致太阳紫外线对所有地球生物的杀伤力大增。

总之，人类严重地破坏了自己赖以生存的环境要素。现在我们的地球上，几乎找不到没有受污染的"清洁区"。连南极企鹅与北极苔藓地的驯鹿体内居然都检测到了DDT（二氯二苯基三氯乙烷的简称），而DDT仅在与南北极相距十万八千里的陆地的 2% 的地方使用过，且已经停用了 20 多年！严酷的事实教育了人类：靠掠夺和损害自然环境所获得的"幸福"是得不偿失、极为有限而短暂的；人类要继续发展下去，就必须尊重自然爱惜自然，视自然为朋友。显然，从今以后人类必须进入这种人与环境协调发展的"第四阶段"，否则人类将无前途可言了。尽管严重的环境问题已经造成，但是，亡羊补牢犹未为晚。人类的前途就掌握在人类自己的手中。

人类的自我拯救

我们回顾了地球生物圈及人类的发生发展史，得知地球生物圈与人类发展到这样一种完善地步是何等来之不易。我们审视了当前全球和中国的环境问题，得知人类竟然在短短的数百年间已经将经历几十亿年漫长演变方成此形的以生物圈为主体的自然环境破坏得百孔千疮，而且在近几十年所造成的破坏最为严重。我们已经洞察：人类是经历了几百万年才适应了自己的环境的。

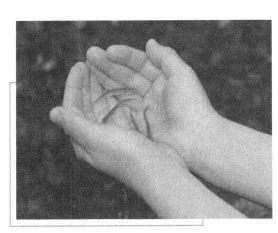

自我拯救

由此我们也立即意识到了人类的危机：人类毁坏自身环境的速度，已经大大超过了自身对环境产生适应的速度。长此下去，人类危险矣！更有甚者，这种对人类生存构成威胁的环境的迅速衰变，却给病毒和细菌等世代时间极短的简单生物造成了高速突变的机会。于是，基因突变的结果——大量新病毒新细菌蜂拥而生，它们带着自己强劲而特殊的毒性疯狂地扑向因环境恶化已致使其免疫素质普遍下降了的人类，于是乎人类怪病丛生、防不胜防。

显然，我们谁都不愿意整个人类走到自取灭亡的地步。我们都共同希望我们的子孙后代能在地球上长期而幸福地生存下去。因此，我们人类必须迅速清醒过来，团结合作保护我们自己的生存环境。可以说，保护环境就是人类对自己未来的自我拯救。

人与自然并不对立

环境的价值

迄今为止，地球上的绝大多数事物都能以"钱"来衡量其价值，唯有像"环境值多少钱"这样的问题仍无法用钱来衡量。例如，驾驶一辆太阳能汽车在市区兜风要"花掉"多少"环境"？提出这样的问题会使人感到莫名其妙，因为我们至今还没有一个衡量人类行为对环境影响的共同标准。按照传统的经济学定价方法，资本和劳动力是决

请爱护我们的家园

定某种产品或某项服务价格的主要因素，而原材料的消耗在定价中只占一小部分。这种定价方法突出地表现在许多工业制品的价格中，如造纸业要消耗大量木材，造纸厂的废碱液对环境破坏十分严重，可这些在纸张那便宜的价格中却几乎没有反映出来，甚至谁也没有去想过为了得到这么便宜的纸张，我们在环境上付出了多么沉重的代价。

压低原材料的"环境价值"，是环境始终得不到重视的根本原因。因此，要保护环境就必须把原材料消耗对环境造成的影响，加到人类衡量一切事物的价值体系中去。德国环境问题专家施密特·布里克教授提出的MIPS衡量标准，就是为了解决这个难题。MIPS是德文"每项活动的物质强度"的缩写，它的值越小，该产品或该项服务对环境的影响也越小。根据这个标准，MIPS值小的解决问题途径是比较好的途径。

有了这样一个共同标准，我们可以对人类一切活动给环境造成的影响进行"标价"，这对于作出决定、制定法规、完善政策都有一定的参考价值。同时，这一标准的提出，也使我们有可能去重新审视那些过去认为是合情合理的事情。

水力一直被认为是一种"干净"的能源，因此水力发电被认为是对环境没有污染的，至少不像火力发电那样有明显的环境问题。但是，以 MIPS 标准来衡量就有问题了：①搞水力发电要筑水坝，这就是一个高物质消耗、强能量流的过程，它对环境的影响是不容忽视的。②水坝造好后蓄水发电时要淹没大片土地，肯定要破坏当地的生态平衡，从历史的角度来看，这样做会不会得不偿失呢？这方面的一个例子就是埃及的阿斯旺水坝，它的建成给埃及带来了大量电力，但却破坏了尼罗河的生态平衡，其长远影响究竟有多严重，现在还很难说。

另外，纸和塑料等包装材料的再循环使用一直被认为是节约的办法，但是，以 MIPS 一衡量就发现问题了：包装材料在循环使用时的能量流比制造新的材料要大得多，因此，从保护环境的角度来看，包装材料的再循环使用是毫无意义的。尽管 MIPS 尚处在研究阶段，但它毕竟是第一个可应用于实际的环境保护定量估算标准。就这一点而言，它是值得大力宣传的。

人类的未来

今天，人类的环境正经历着历史上最迅速的变化，这种变化将导向何方？它的前景如何？人类怎样才能从人口、资源、环境、能源、粮食的困扰中解脱出来？

为了回答全世界人们普遍关心的这些问题，20 世纪 70 年代以来相继出现了各种理论，著名的有以美国麦道斯《增长的极限》为理论基础的"零增长论"；英国哥尔德·史密斯从人们的生态需求出发，认为改革后工业社会生态系统不能支撑经济持久增长的"平衡稳定的社会论"；英国舒梅克所强调的要重视人与自然关系的著名的"小型化经济论"；美国卡伦巴斯的生态乌邦经济的"人道主义社会论"；美国巴克莱和赛克勒"调整人类活动的物理、生物、经济和社会诸方面整体结构理论"；美国塞尼卡和陶西格以

"稀缺的世界"为出发点的"补偿论";英国科特奈尔的"过渡'缺短时代'的环境经济学";美国弗赖依无限期保持较高生活水平、环境舒适并有"生态道德"的"理想生态社会的经济学";美国卡恩用历史的方法推断科学技术和人类历史文化发展必然引向经济增长的"大过渡"理论;英国米香企图协调两者对立的现代主义与环境保护主义的空想的"分区制学说";以及比米香二元论走得更远的返回自然的倒退主义、复古主义……

我们的地球

这些理论不完全属于人类生态学范围,有的作者也没有专门讨论人类环境的未来,但就其对人口、资源、环境与经济发展前景的总认识,基本上可以分为三种观点:悲观派、乐观派和现实派。悲观派的著名代表是"罗马俱乐部",它创立于1968年,组成人员有世界100多位科学家、经济学家、教育家和企业家,他们的宗旨是为了探讨世界经济发展的未来趋势、人类社会的发展趋势;他们力图用科学方法来描绘未来世界的面貌,提出为了确保人类所希望的发展应该采取的措施;他们发表过一些具有国际影响的著作,最为轰动的是《增长的极限》。

根据他们的预测,如果世界在人口、工业化、污染、粮食生产以及资源使用等方面按照现在的增长率继续发展下去,那么到20世纪末,资源会开始下降,到2050年,资源会突然下降到很低的水平;而到2040年,环境污染会迅速发展到顶点,此后随着资源的枯竭和工农业的衰落而趋于和缓;世界人口大约要到2050年才会增长到最大值,那时的人口数将是几百亿。他们断言,要使世界系统避免最终的崩溃,唯一可行的办法是奉行零增长政策,以保持世界系统的稳定。他们警告说:地球好比一个种浮莲的水池,浮莲以每日增长1倍的速度繁殖着,30天将覆满水池,使池中生物窒息。

如果到第29天才进行收割，那时挽救水池就只剩下一天的机会了，而若置之不理，则将陷入无可挽回的境地。

与悲观派截然相反，乐观派认为，对于人类来说，事情进行得相当好，一切都将继续如此，地球的潜力和自然资源的潜力是无限的，即使说地球资源的潜力是有限的，那么也会被不久即将找到的地球以外的资源和领域所补充。属于乐观派的代表人物很多，如H. 卡恩、A. 托夫勒、B. 默里、D. 贝尔等，他们都有专著来系统地阐述自己的未来观。他们认为，在能源方面，人类已着手于原子能的实际应用，太阳能、海洋能、生物能和沼能虽还处于试验阶段，但成功的前途是勿庸置疑的，能源危机是完全可以克服的；在生态环境方面，随着社会的发展、科学的进步，人类能够战胜现在和未来可能出现的一切障碍，并能创造美好的人工生态环境以保持生态平衡；至于环境污染，只要花不到2%的世界生产总值，用于反污染的措施上，就能彻底解决发展中产生的污染，环境就能保持清洁和良好；此外，遗传工程的广泛应用，尤其是无性繁殖将为人类提供丰富的口粮和副食品；人口的涨落和质量也将置于人类意志控制之下……

因此，他们对人类环境和人类社会的未来，持高度乐观的态度，并认为人类正在进入历史上最有创造性和扩展性的时代。

除了以上两派外，还有一些人自称为现实主义者，他们认为悲观主义和乐观主义的极端论调，都会使人们放弃努力，听凭命运的摆布。他们认为世界明天的好坏不是命中注定的，而是取决于人类今后几十年作出的决策是否明智。当然，每个人都会有自己的答案，因为人类的未来取决于我们每个人的行为。人类究竟会有一个什么样的未来呢？至今还是一个谜。

与环境交朋友

无论过去、现在还是未来，也无论家庭、国家还是世界，环境总是我们人类的朋友。善待朋友，就是善待我们自己。

当然，我们这里讲的研究环境，不只是指研究自然环境和生物环境，同样也要研究社会环境、文化环境、经济环境和美学环境，因为我们生活的空间，是居住、劳动、娱乐、交往的空间，我们的生活不只包括物质生活，而且包括精神生活。

我们对于生活空间不仅要求安全、舒适、方便、健康，而且还涉及社会环境的各个方面，这是一个更为广泛更加复杂的课题。这些课题终究是要逐步解决的，但我们不能等待自然环境恶化了才去解决，必须发挥人类已经获得的技术去控制自然环境的恶化，这无疑是人类面临的若干最急迫的工作之一，在这项工作中，每个人都有机会来为它作出特殊贡献。

环境保护是一件复杂而伟大的任务，需要进行深入系统的研究，不但要求定性的研究，更要求定量的研究；不但要研究宏观世界的问题，也要研究微观世界的问题；不但要了解静态的性质，也要了解动态的性质；不但要进行区域性和综合性的调查，也要进行典型的定位观察和试验研究。

这就要求未来的环境工作者需要具有坚实的理论基础和掌握调查研究的技术手段，而且环境工作所涉及的知识领域非常广，包括数学、化学、物理学、地学、生物学、生态学、医学、工程、农林、水文、大气，甚至人口学、经济学、社会学、美术等。我们可以有信心地创造我们自己的未来，美好的未来就掌握在我们手中——只要我们每个人真正明白这句话的含义："环境是人类的朋友。"

人口膨胀与环境

人口让地球大吃一惊

5555555555，这10个5组成的天文数字，是1993年4月15日12时13分53秒，我们地球上的总人口数，而目前，这个数字早已被超过了。人口，正在成为我们这颗星球的沉重负担，人们不禁要问：它供养得起这么多吗？每年的7月11日是"世界人口日"，那是为了纪念地球人口达到50亿而设立的，当然这种纪念带有警世的意味，并非让人去欢呼庆祝。

查一查地球人口总数，会使我们对人口问题有更深切的认识。公元初，地球上有2.3亿~3亿人口，他们大部分居住在亚洲和非洲；到1650年，人口仅仅增长了1倍，达到5亿左右；从1650年至1850年，在200年时间内，人口才翻了一番，达到了第一个 10 亿；从第一个 10 亿到达第二个 10 亿人口数，只经过了 80 年时间，即从 1850 年至 1930 年；之后，只用了 30 年时间，到 1960 年，世界人口就跃增到第三个 10 亿；接着，经过 15 年时间，到 1975 年，就达到 40 亿；50 亿人口日是在 1987 年 7 月 11 日，这第五个 10 亿仅花了 12 年时间；从 1987 年至 1993 年，6 年中又增加了 5.6 亿人口。有人将这种人口快速增长的现象称为"人口爆炸"。

人口膨胀

20 世纪以来，世界人口增长呈现史无前例的激增状态，人口翻番的时间越来越短，真是令人吃惊。

20 世纪 80 年代以后，人口增长速度依然不减，全世界每秒钟约有 4 个小生命呱呱坠地，每天有 32.8 万个婴儿来到人间。减去死亡人数，全世界每天净增加约 21 万人，每年增加 7700 万人。

当然，世界人口的发展极不平衡，发达国家人口增长缓慢，发展中国家增长率却很高，这除了风俗习惯、伦理观念和各种社会因素之外，主要原因是发达国家的生育率下降，发展中国家的死亡率明显减少。

造成"人口爆炸"的又一因素是，在正常状态下人口都是以复利率增长的。以年增长率 2% 为例，年初人口为 1，到年底便是：$1 + 0.02 \approx 1.02$。第二年年初为 1.02，到第二年底便是：$1.02 + 1.02 \times 0.02 = 1.02^2$。因此，到 35 年末的人口数便是：$1.02^{35} \approx 2$。依照这样的复利率计算，如果平均每年增加2%，则每过35年人口便增加1倍，这是一个多么惊人的事实！

地球能养活多少人?

人口急剧增长给予生态系统极大的冲击和压力，使人类的生存空间显得越来越拥挤。其实，人类面临的所谓资源、环境、粮食、能源和人口等五大挑战，核心是人口问题，其他四个问题都是由此而衍生出来的，并且随着人口增长而日益严重。

地球能养活多少人

我们居住的地球究竟可以养活多少人口呢? 对于这个问题，世界上许多学者进行过种种估算，结果是众说纷坛，莫衷一是。有些人认为地球能够养活的人口要比21世纪初地球上将要居住的人口多得不可比拟，个别人甚至断定地球可以养活500亿人口，并且到那时，人类照样拥有"公园的树荫和圣诞节的烧鹅"。但是，大多数学者都不赞成这种观点，他们认为以100亿左右为合适，这是能使人类吃得较好，并维持合理健康而不算奢侈生活的人口限度。

有些生态学家，着重从生物圈能提供的食物量，计算了地球养活多少人的极限。地球上的植物每年约能生产165万亿千克有机物质，折合能量为66亿亿千卡（1千卡 = 4.184千焦），假定平均每人每天消费2200千卡，由此推算，地球可以养活8000亿人口。但实际上，人类大约只能利用植物总生产量的 1%，这就是说，地球只能养活 80 亿人口。

当然，人类为了增加食物，会采取种种努力，但是，如果世界人口按目前的增长速度发展下去，任何先进的科学技术也无法使人类避免饥饿的威胁，食物短缺的压力必将与日俱增，人们不能不为此忧虑。我国的土地最大承载量为 15 亿 ~ 16 亿人。面对人口不断增长的现实，在未来几十年内，我国的现代化建设所要克服的主要障碍是：

①为今后 50 ~ 60 年内持续增长，以致至少达到 15 亿甚至更多的人口提供生存与发展的资源、经济、社会条件，既包括吃、穿、住、行等基本需求，也包括教育、娱乐、文化等基本享受；

②为今后 30 ~ 40 年内大约 3 亿新增劳动人口提供和创造就业机会和岗位；

③为今后 20 ~ 30 年内大约 8 亿劳动者提供大量的固定资产良好的生产条件和适宜的经营环境，以保证人均劳动生产率和整个社会经济效益的不断提高；

④为今后 50 ~ 60 年内大约 3 亿老年人口提供基本的赡养资金和社会保障，并保证他们的生活水平不致下降，反而有所改善；

⑤为今后 50 ~ 60 年内增长的 7 亿 ~ 8 亿城市人口提供商品粮、副食品、社会生活和基础服务设施，以避免城市人口的过分膨胀与拥挤；

⑥为今后 20 ~ 30 年内消除 2 亿多文盲，提高全民族的文化素质提供教育、文化设施。

人口膨胀的对策

如何减少世界人口增长率这个问题，成了我们这颗星球上许多专家学者十分棘手的难题之一。

降低人口的出生率或许是唯一的途径。在这一方面，虽然人类已经做了一些尝试，然而，要在世界范围内限期完成，这个希望实在是太小了，而且越来越小。为了提高地球上每一个人的生活水平，世界各地每年花在研究避孕方法上的资金已达几千万美元，人们付出的代价便可想而知了。

在对付"人口爆炸"方面，首先要达到的是寻求控制出生率的适当方法，以及广泛传播节育和避孕的必要知识和用品。人类的每一次怀孕，都应该经过仔细的选择。这还不够，要使每一对普通夫妇心甘情愿地选择一个人口少的家庭，还需要各种各样的刺激，比如对人口多的家庭征收较高的人口税等。

令人鼓舞的是，越来越多的人开始主张"零人口增长率"，每对夫妇只生两个或一个孩子的口号在一些地区正付诸实施。不过，在世界范围内实施这个纲领所碰到的困难不可低估。一旦这个纲领不能完成，就不得不采用征收较高人口税的办法。

我国现在已越来越认识到人口问题的严重性，制定出了限制出生率的措施，有些地方规定对超计划生育者征收超计划生育费，加以经济上的限制，对节育的则加以奖励。"晚婚晚育，少生优生"正是为此而提出的一句口号。有学者以生态系统稳定的支付能力为基础，计算了中国百年以后的理想适度人口数量为 6.5 亿 ~ 7 亿，与之比较，现在的人口数量是太多了。

1994 年 1 月 27 日，由联合国主持的世界人口会议在日本东京市举行，会议结束时发表的宣言认为，人口的过快增长妨碍了同贫困作斗争的努力，制约了社会经济发展，也不利于改善妇女的社会地位，会议呼吁各国政府采取紧急措施，节制人口的过快增长，否则，人口对地球拥有的有限资源将是一个严重的挑战。

全球性环境问题及国际合作

全球性环境问题

空气污染

空气污染造成的损失经常以其实际危害来表示。1974年5月，环境保护局华盛顿环境研究中心发表了美国1970年因空气污染所造成的经济损失数字为61亿~185亿美元，而129亿美元这一数值最接近实际情况。同年，美国污染控制局的估计是135亿美元。其经济损失共分4类：人体健康方面，46亿美元；住宅方面，59亿美元；物质损失方面，22亿美元；植物损失方面，2亿美元。

不论是哪方面的损失，目前对其经济损失的估计都还不能认为是十分肯定和结论性的。然而还在前十年，就认为数据的质量确实已有很大改进了。

目前，经济损失的调查工作因其颇具开创性而得到发展。另外还有不少研究也深入探讨了某些特定的损失问题，根据"社会保健和环

空气污染

境监督系统规划"，美国环境保护局对某些呼吸道疾病的发病率进行了研究。

我们对经济损失的了解，还有许多研究工作要做，特别是对作用还难肯定的低含量条件下的生理变化和可能的心理因素所造成的损失，还待研究。像健康方面的损失一样，财产方面的损失也是难以估计的。

美国在对 1957～1964 年间圣路易斯市的一个严重污染区的情况进行研究后发现，该地区的地产价值跌落严重，有时高达 1000 美元。在全国范围所作的估计也认为，急剧恶化的污染使地产价值下跌。

污染造成的另一类损失是物质方面的，它有两种形式。首先，硫氧化物、颗粒物和氧化剂损害金属、纤维织物、轮胎和油漆，它们的总损失曾估计为 22 亿美元。其次，大量资源，主要是锰、铜和硫在熔炼和精炼等工业过程中损失掉了。这些物质都进入烟气跑掉了。

最后一点，植物和牲畜也受到了污染的危害。尤其是乙烯、臭氧和醛类等化学物质破坏叶类蔬菜、花和某些水果的组织。在洛杉矶地区，臭氧和 PAN 曾杀死了 170 万棵黄松；化肥生产和炼铝过程中排放的氟烟气曾污染了牲畜饲料，影响了牲畜的健康、繁殖和寿命。

水污染

据称，目前全世界每年约有 4200 亿立方米的污水排入江河湖海，污染了 55000 亿立方米的淡水，占全球径流量的 14% 以上，而且，还正呈日益恶化的趋势。

水源污染已严重威胁到人类的健康。生活污水中常常含有很多致病的病毒、病菌和寄生虫。这些含有病原体的污水一旦污染了饮用水源并进入人体，就会迅速引起各种疾病，如痢疾、腹泻、伤寒、肝炎、霍乱等传染病流行，进而导致大批人死亡。联合国儿童基金会的一份资料披露，不安全饮水引起的腹泻和其他疾病，每年已造成数百万儿童死亡。

饮用水被重金属离子以及有毒的有机物污染，后果更可怕。水中含有各种重金属离子和难以分解的有机物，其中对人体危害极大的有酚类、氰化物、汞、铬、砷、铅、镉等。这些物质可引起人们畸形、患癌症、器官

水污染

病变。水俣病、痛痛病就是这方面最典型的例子。我国饮用水源的污染也非常严重。据有关调查资料表明：符合饮用水卫生标准的仅占10%，基本符合标准的约占20%，不符合饮用水标准的则高达70%。以地下水为饮用水的城市，90%以上的地下水受到不同程度的污染，而且污染还在逐年加重。例如，在苏南地区对16个饮用水的取水点进行检测，测得154种有机污染物，其中几十种化合物超标。工业废水中的有机物排放量，特别是化学耗氧量逐年增加，流经主要城市的河流普遍受到不同程度的污染。有的河流则成为典型的排污沟。科研人员对我国532条河流的污染状况进行的调查表明，已有436条河流受到不同程度的污染。我国湖泊受污染达到高营养化水平的已占全部湖泊的63.6%，我国人口密集地区的湖泊、水库几乎全部受到污染。

人体活动的正常进行是离不开水的，所以，日益严重的水资源污染是对人体健康的一个重要威胁。水污染会引起哪些可怕的疾病？

继水俣病之后，日本又发现了一种怪病。患病初期，患者只是感到腰部和手足等处关节疼痛，后来又发展为神经病，及至骨骼软化、萎缩、自然骨折，在剧痛难忍中丧生。对死者进行尸体解剖发现，他们全身多处骨折，有的竟达到73处，身高也缩短了几十厘米，这种病因不明的疾患，就被称为"痛痛病"。

经过调查，痛痛病发生在日本富山市神通川下游镉污染地区，病因就是当地居民长期饮用被镉污染的河水和食用此水灌溉的含镉稻米。这些镉是从哪里来的？原来，日本三井金属矿业公司在神通川上游开设了炼锌厂，炼锌厂经年累月向神通川排放废水，其中含有大量镉离子，于是镉便由食物链进入人体，积累到一定的数量后便引发了痛痛病。

痛痛病事件从1955年一直延续到了20世纪70年代。据统计，1963年至1979年共有患者130人，其中81人真的痛死了。

自20世纪70年代中期以来，美国科学家已开始研究有机物污染和白血病发病率之间的关系。美国马萨诸塞州的一项研究表明，挥发性有机化合物会污染饮水，使儿童的白血病发病率提高。美国新泽西州的专家杰罗尔德教授的科研报告揭示，女性患白血病的可能性随饮水中卤化剂——三氯二烯、四氯二烯等污染物的浓度升高而增加。还有证据表明，饮用氯化物消毒的地面水易患膀胱癌和肠癌。

温室效应

以往相当长的一段时间内，地球大气中的二氧化碳含量基本上是一个定值，大约为290克/吨。然而，随着工业的发展，煤炭、石油、天然气等燃料的燃烧，释放出大量的热量，与此同时，又产生了大量的二氧化碳，加之人口的巨量增长和对森林的不断砍伐，使地球大气中二氧化碳的含量增加了25%以上。

二氧化碳可以防止地表热量辐射到太空中，具有调节地球气温的功能。如果没有二氧化碳，地球的年平均气温会比今天降低20℃；但是，超量的二氧化碳却使地球仿佛捂在一座玻璃暖棚里，温度会逐渐升高，这就是所谓的"温室效应"。

温室效应导致冰川融化

电脑模拟显示，在今后50年内，地球大气中的二氧化碳将增加1倍，地球气温将升高3℃~5℃，两极地区可能升高10℃。这就是说，地球气候将会明显变暖。

其实，除了二氧化碳，其他诸如臭氧、甲烷、氟利昂、一氧化二氮等都是大气温室效应的主要贡献者，它们被统称为"温室气体"。只是由于二氧化碳是大气中含量最多的温室气体，科学家才更关注它。

现在，已有人将甲烷视作比二氧化碳更危险的温室气体，因为它会吸收地球表面的红外线，具有很强的阻止热扩散能力，因而对温室效应起了很大的推动作用。甲烷的来源十分广泛，在开采石油、天然气和煤的过程中，它是作为一种副产品进入大气中的。另外，世界各地的牛因肠胃气胀每天要排泄相当数量的甲烷，仅此一项，每年就要产生5000万吨甲烷。如果把世界上所有的牛、马、骆驼、羊、猪以及白蚁都加以计算，全世界每年至少要生产5亿吨甲烷。

目前，大气中的甲烷含量仍以每年1%～2%的速率增加，这使科学家们大伤脑筋，因为它的效率可能是二氧化碳的20倍。由于大部分甲烷来自自然过程，因此减少甲烷的散发可能比控制二氧化碳更为艰难。科学家们不无忧虑地指出：如果以目前的速度发展下去，几十年内甲烷的作用将在温室效应中占50%。

在太阳系中，金星处于水星和地球之间，它的直径、质量、密度和表面重力这几项数值与地球十分接近，因此，人们曾把金星视作地球的"孪生姐妹"，直到测量了金星的表面温度以后，才改变了这种看法。由于金星比地球离太阳近，天文学家预料到它的温度会比地球高。但是，20世纪50年代，通过射电测量到金星的表面温度为300℃，使天文学家感到十分惊讶，因为这比他们预料的要高出上百摄氏度。之所以导致这种错误，是因为当时尚不知道金星的大气成分，没有考虑温室效应的缘故。其实，射电天文测量的温度值还偏低，20世纪60年代拉开的航天探测行星的序幕，才一识金星的"庐山真面目"。

1962年，美国"水手二号"金星探测器测量到金星的表面温度是480℃，这比离太阳近的水星白昼温度还要高近50℃，是太阳系中最热的一颗行星。原来，这是金星大气温室效应的结果。金星大气成分97%是二氧化碳，这层厚厚的酸性云层虽然阻碍了太阳辐射的穿透，但更强烈地阻止了金星表面的热辐射散逸，形成了一个全球性的高效率"大温室"，使金星成为浓云下不见天日的热宫。此外，温室效应还使金星的昼夜温差甚小，夜间温度也降不下来多少，几乎和白天一样闷热，这一点和水星大不一样。

金星的今天会不会是地球的明天呢？科学家们似乎从金星上看到了地球的悲哀。

了解金星的温室效应，对我们如何防止地球气候变暖和环境恶化，应该说不无参考价值。温室效应造成的地球气温的升高，将会导致气候形态的重大改变，导致某些地区雨量增加，某些地区出现干旱，飓风力量增强，出现频率也将提高。更令人担忧的是，气温升高，将使两极地区冰川融化，海平面升高，全世界将有不少沿海城市、岛屿、平原、低洼地区面临海水上涨的威胁，甚至被海水吞没。

在正常气候下，地球上各种形态的水呈一种动态平衡。南北极以冰川的形式，储水极为丰富。南极冰层平均厚 1700 米，最厚处达 4000 米，储水相当于全世界各大洲湖泊河流水量的 200 倍。假如南极冰川全部融化，全世界海平面将上升 70 米。即使仅融化 1/10，也将使整个地球海平面上升约 7 米。根据预测，到 21 世纪中叶，地表温度升高 1.5℃～4.5℃，海平面将上升 0.25～1.4 米。

当然，"几家欢乐几家愁"，温室效应给各个局部地区所带来的后果也不尽相同。以下是这些地区的可能后果：加拿大，安大略富庶的农田由于降雨量的减少引起粮食欠收；科罗拉多河，水位下降，在美国包括加利福尼亚在内的 8 个州，农业、供水、发电将遭到破坏；美国中西部，由于干热的夏天使农田遭到损害；西欧，温暖的墨西哥湾流可能不会受到温室效应的干扰；格陵兰岛，一些冰层溶化，使海平面升高 0.15～0.3 米；北极圈，在西伯利亚、阿拉斯加、白令海和加拿大群岛的港口成为不冻港，提高了商运能力；中国，边远地带的农田变得多雨，可提高产量；印度和孟加拉，这两个国家遭到更多的台风和洪水的袭击；非洲，热雨带向北移，干燥的乍得、苏丹和埃塞俄比亚变得湿润；南极洲，由于雪和冷雨的增加，使冰层加厚，并阻碍由于温室效应产生的海平面上升。

无论如何，二氧化碳在今天地球的温度上升过程中，起着举足轻重的作用，因此，人们称它为温室效应的"罪魁祸首"。20 世纪 80 年代末，在加拿大多伦多市召开的一次国际会议上，科学家们一致认为，在今后 20 年内，工业国家应将二氧化碳的释放量减少20%，不过以美国为首的一些国家则争辩道，这样会使他们付出昂贵的代价。

但是，英国和德国的三位经济学家所作的一项研究表明，发达国家大量减少二氧化碳的释放量并不会花很多费用，因为近年来工业国家的经济结构正在发生重要变化，工业部门都在逐步使用新设备对旧工厂进行更新换代，如果在更新设备的同时也考虑到二氧化碳的释放问题，岂非一举两得？

他们指出，新设备不仅可以更有效地利用燃料，减少二氧化碳的释放量，而且也会生产出质量更好的产品，从而提高工厂的经济效益；如果西方国家的政府能采取一些奖励措施，诸如通过增收二氧化碳税来鼓励工厂企业以更快的速度对旧设备进行更新换代，这不仅可减少二氧化碳的释放量，同时也可增加生产的竞争性，从长远看，这种措施将会使国家的经济受益。

根据统计，美国的二氧化碳释放量比英国或德国高出2倍，前苏联地区的能源使用也莫不如此。因此，这些国家减少二氧化碳释放量的余地将比西欧国家大得多；而发展中国家的情况则有所不同，由于正处于工业发展初期，这些国家的二氧化碳释放量将不可避免地会增高。事实的确如此，目前大气层中75%～80%的二氧化碳是由发达国家所释放的。由此可见，发达国家努力减少二氧化碳的释放量不仅不会耗费巨额资金，而且从发展眼光来看，还能节省资金，关键是要制定出缓释二氧化碳的长远目标。

如果人们能够坚定信念，常抓不懈，就可在20年内轻而易举地达到多伦多会议上制定的目标；如果时间稍长一些，例如在40年内，人们甚至可将二氧化碳的释放量从目前的水平减少50%～60%。

如何让二氧化碳物尽其用，不仅成了生态学家，也成了其他领域科学家的研究目标。

众所周知，植物的光合作用能把二氧化碳转化为碳水化合物，在光合作用中起重要作用的是叶绿素，这是一种镁的卟啉络合物。现代科学研究已经发现有一种金属的卟啉络合物，其结构与镁的卟啉络合物十分相似，它可以充当人工合成碳水化合物的"叶绿素"。这项研究工作一旦取得成功，人类就能利用二氧化碳合成出"人造粮食"了。

研究如何利用二氧化碳的另一个重要课题是把二氧化碳活化，再用氢气还原二氧化碳，制造甲烷、甲醇、甲醛、甲酸、一氧化碳等化工原料。甲醇的能量密度大约是液氢的2倍，在许多情况下可直接用于能量转换系统，比如汽车的引擎等；而且甲醇在常温下是液体，便于运输、储存，价格低廉，比其他能源更通用，更具经济性；再则，与其他汽车燃料相比，使用甲醇时的排出物少，碳氢比高，具有较高的能量转换能力。

正鉴于此，科学家在想方设法利用二氧化碳来制取甲醇。正在研究中的一种电化方法是将硫酸钾加水进行电渗析，产生氢氧化钾和硫酸，然后用这些生成物来浓缩二氧化碳，二氧化碳与水化合产生甲醇。与化学合成法相比，这种电化方法的生产设备投资成本较低，更便于扩大生产，并且碳基副产品的浓度较低。

利用植物的光合作用，将二氧化碳转化成燃料也是科学家们正在考虑的课题。他们发现，向生长着微藻类的池塘注入含二氧化碳废气，能被微藻类吸收并转化为甲烷。这种方法一旦成功，成本将会很低，只是池塘将占用很大的面积，而且藻类在冬天和晚上的活动性差，二氧化碳的排放量只有25%~30%。

将二氧化碳气体变成液体，用作工业溶剂，取代使用广泛的氯化烃溶剂也是科学家们正在探索的一大项目。人们发现，液态二氧化碳是一种理想的溶剂，有些化学反应在液态二氧化碳中的反应速度要比在一般的氯化烃溶剂中快20%以上。问题是要将二氧化碳变成液态，需要在几个大气压下才能实现。虽然用作溶剂的二氧化碳量

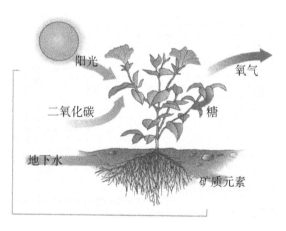

植物的光合作用

是微不足道的，但这却是利用二氧化碳的一条新途径。或许不久的将来，街上洗染店干洗衣物都会使用液态二氧化碳溶剂呢！

还有一种设想是，将回收的二氧化碳液化后注入3000米以下的深海封存。1988年，日本科学家在冲绳海沟的一次调查中，偶然发现自然界中存在液化的二氧化碳。此后，他们进行了一系列研究，发现在水深超过600米时，二氧化碳变成近似制作干冰过程中的液体状；在3000米以下的深海，变得比海水还重，非常容易沉入海底。此外，水温一旦低于10℃，其表面就会出现一层果酱状的薄膜，可以防止快速扩散于海水中。这样，注入深海海底的二氧花碳要花费很长时间才会一点点溶于海水中，重返大气至少需要1000年以上。这不仅可以大幅度控制地球变暖的速度，而且可以赢得宝贵的时间来研究彻底的解决办法。

当然，这一方法还有许多问题尚待解决，其中之一是对海洋生态系统究竟有无影响。深海泥土中含有大量生物遗骸产生的碳酸钙，虽然它们与二氧化碳起化学反应后是变成无害的重碳酸离子溶解于海水中的。但是，海水的pH值是否会变化，这种变化对海洋生物影响如何，二氧化碳的扩散速度究竟有多快，这些都还需要进一步调查研究。

臭氧层的破坏及影响

臭氧，是地球大气中的一种微量成分，它在空气中的平均浓度，按体积计算，只有百万分之三——3克/吨，而且绝大部分位于离地面约25千米的高空。在那里，臭氧的浓度可达到8~10克/吨，人们将那里的大气叫作"臭氧层"。

臭氧层具有非凡的本领，它能把太阳辐射来的高能紫外线的99%吸收掉，使地球上的生物免遭紫外线的杀伤。可以说，它是地球生命的"保护神"。假如没有它的保护，所有强紫外辐射全部落到地面的话，那么，日光晒焦的速度将比烈日之下的夏季快50倍，几分钟之内，地球上的一切林木都会被烤焦，所有的飞禽走兽都将被杀死，生机勃勃的地球，就会变成一片荒凉的焦土。

臭氧层还能阻挡地球热量不致很快地散发到太空中去，使地球大气的温度保持恒定。这一点，它和二氧化碳非常相似，因此，臭氧也是一种"温室气体"。

臭氧层为什么能吸收高能紫外线，保护地球生命呢？原来，在高空中发生着奇妙的化学变化。高空中的氧气受宇宙射线的激发能产生原子氧；原子氧与氧分子作用便生成了臭氧分子，正是这一过程，吸收了太阳的辐射能；臭氧比空气重，当它生成后就在空气中下降；由于臭氧不稳定，容易分解为氧气，并放出原子氧，原子氧和氧气再上升到高空……就这样，臭氧和氧气不停地相互转化，既吸收了高能射线的能量，又保护住了地球的热量。

臭氧层就像套在地球上的一件无形的铠甲，忠实地保护着大地上的生命；它又像一面巨大的筛子，只让对生物有益的光和热通过它到达地面。可以说，臭氧层是天工修筑的一座万里长城。

然而，现代工业对大气的污染正在无情地磨损着这层铠甲。1986 年 6 月下旬，美联社发布了一则引起全球关注的消息：英国南极调查组织的科学家们发现并且证实，南极上空的臭氧层正在迅速地减少，出现了一个"臭氧层空洞"。这个位于南极洲哈利湾站上空的"空洞"是从 1960 年开始破损的，20 世纪 70 年代末到 80 年代初，破损速度骤然加快，形成了一个巨大的"洞"。美国宇航局的科学家也证实了这一发现。

到 1992 年 11 月 13 日，世界气象组织又一次向全世界发出警告：臭氧层厚度创造了历史上最薄的纪录！这是综合世界各地 140 个地面站和几个卫星的资料而获得的最新结果。1992 年，南极以及北半球中高纬度地区的臭氧层均为历史最低水平，9 ~ 10 月间，南极 14 ~ 19 千米上空的臭氧层几乎全部丧失。

来自宇宙空间的信息表明，臭氧层越来越稀薄的现象不仅发生在冬季，在春季和夏季也会出现，而正是这两个季节内阳光最强烈，地球上的人类和生物最需要臭氧层的保护。如果阳光中的紫外线能够长驱直入，结果是患皮肤癌的人数将大量增加，有人甚至这样说："臭氧层被破坏 10%，皮肤癌就会增加 20%。"澳大利亚的昆士兰州素有"阳光州"的美誉，那里因皮肤癌而丧生的人数比例也居世界之首。

　　当然，也有科学家对上述观点提出疑问，认为这一说法或许太夸张了。他们认为，臭氧层只能吸收少量波长为280～320微毫米范围内的紫外线，而这部分紫外线并不是对地球上动植物危害最大的。究竟孰是孰非，看来也不是一时可以下定论的。

　　使臭氧层变得稀薄的"罪魁祸首"是谁呢？科学家们认为，是某些化肥和作为制冷剂的氯氟碳化合物，俗称"氟利昂"。家用电冰箱、空调机、喷雾摩丝和喷雾杀虫剂中，都含氟利昂气体。科学家发现，由于人类在生产、生活中广泛使用氯氟碳化合物，使高层大气中漂浮着这类化合物分子。在太阳紫外线的高能辐射作用下，氯氟碳化合物被分解，放出氯原子。氯原子能迅速"吞噬"臭氧分子，一个氯原子可以和10万个臭氧分子发生连锁反应；而氯原子在和臭氧分子作用后，又能迅速恢复原状，重新"攻击"另外的臭氧分子……就这样，臭氧分子被大量而迅速地吞噬掉了。

　　1987年9月，由联合国草拟了一个国际协定——《蒙特利尔议定书》。该议定书明确规定，氯氟碳化合物（包括名声显赫的氟利昂）生产国从1989年7月开始，要将产量冻结在1986年的水平。到1998年，要削减50%。有27个国家共同签署了这个协定。后来，联合国环境规划署起草的一份报告认为，臭氧层遭到明显破坏，95%归因于氯氟碳化合物和聚四氟乙烯气体。

　　1992年初，各国政府尤其是一些发达国家政府纷纷表态，计划在三五年内禁止使用含氯氟碳化合物的制冷剂以及其他危害臭氧层的物质。德国已宣布于2000年完全停止生产氯氟碳化合物，瑞典和挪威保证到1995年削减产量的95%……世界上大多数氯氟碳化合物生产国已承认《蒙特利尔议定书》，并正在千方百计地设法生产其替代品。这是和人类切身利益休戚相关的大事，有专家预言："假如全世界继续以目前的速率使用化学品，到21世纪臭氧层将消耗16.5%。"这并非危言耸听。不过，也有生态修正论者提出了相反的意见，他们认为，真正的危机是我们的轻信。他们的反击主要集中在以下两点：第一，氟利昂并不破坏使地球免受紫外线照射的臭氧层；第二，即使臭氧层真的变薄，也不会对人类健康造成危害。

　　无论结论如何，我们现在所要做的当然是保护臭氧层，为此，全世界的科学家都在为之努力。

1991 年 8 月 15 日，前苏联"旋风"号火箭载着一颗前苏联的"气象—3"号卫星从普列谢茨克卫星发射场发射升空。该卫星上装有美国宇航局制造的一台全球臭氧层测绘光谱仪，可测量全球的臭氧层含量及其分布，监视大气层中出现的臭氧空洞。这是自 1975 年以后，美国和前苏联的第一次携手合作，其重视程度由此可见一斑。

1991 年 9 月 12 日，美国"发现"号航天飞机将 7.7 吨重的臭氧监测卫星送上了太空，这在美国航天史上还是头一遭。该卫星上装有美国、加拿大、法国、英国研制的 10 台高灵敏度监测仪器，其任务就是监测臭氧层中臭氧减少的情况。

除了运用航天高科技，科学家在地面也八仙过海，各显神通。日本富士通公司已经研制成一种新型的电波探测系统，它可以比常规系统更精确地测量臭氧层。这一系统

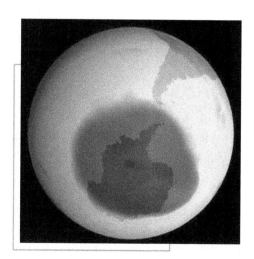

臭氧层空洞

采用了约瑟夫森器件和超导微电子电路，即使在恶劣的天气条件下也能测到高达 80 千米高空的臭氧层，而且测量所需的时间将由常规系统的 1 小时缩短到 5 分钟，这为我们精确地掌握臭氧层数量提供了有力的武器。

日本在使氟利昂无害化方面也做了大量工作，他们在氟利昂分解装置实用化上走在了世界前列。氟利昂分解装置的基本原理是：将氟利昂和水混在一起，在约 10000℃ 的高温中离子化，然后再生成食盐和氟的原料——萤石等无害物质，分解率为 99.99%，分解能力为 50 千克/小时，处理费用约为 500 日元/千克。

美国一家公司开发出了一种用水代替氟利昂的新型空调器，它是根据蒸发原理工作的：当水蒸发时，水吸收热能，使水周围的空气冷却。这种新型空调器还有一种专用干燥剂，它能使空气干燥，当大量水分返回空气

中时，不引起过分的潮湿。这种空调器适用于住宅、饭店和小型办公室，它不含压缩机，因而节省了大量能源，而且又不会泄漏氟利昂之类的有害污染物。

为拯救地球、摆脱臭氧层危机，欧洲和北美等国家也争相呼应，纷纷推出了兼备环保功能的电冰箱。由于欧洲共同市场已同意于1995年禁止生产氟利昂，因而各大主要电器制造商逐渐转向使用另一种功效类似、不会损害臭氧层的化学品。例如，一家德国制造厂把丙烷和丁烷混合，用于散热系统，它绝不损害臭氧层。今天，人们在选择臭氧层还是选择氟氯碳化合物上，毫无疑问地选择了前者，并为此做了种种努力。但是，现在科学家所开发研究的新一代产品，仍然不是理想中的完全无毒的产品，只能称为暂代产品，今后开发研究的第三代产品才是完全无毒的产品。

1985年，科学家发现南极上空的臭氧层中出现了巨大的空洞（面积约2000万平方千米，比两个中国的面积还大）。在那里臭氧浓度已从大约400道布逊（一种表示臭氧浓度的单位）降到了200多道布逊，这使人们对臭氧层耗竭问题倍感担心。虽然，南极臭氧层空洞的形成有其特殊性（它主要与南极上空特殊的气象条件有关。在南极上空极低温度下形成的平流云以及在云中冰粒上进行的表面反应乃是生成臭氧层空洞的基本条件），但空洞面积之大，发展态势之严重，不能不令人感到担忧。与此同时，北极地区上空臭氧浓度也减少了。

1995年春天，西伯利亚北部地区上空平流层臭氧减少了35%。随着人们生活水平的提高、人口的增加，空调器、电冰箱的用量将成倍增长。同样，大气层中的氯氟烃也将成倍增长。臭氧在大气中本来就极少，随着氯氟烃的增加，它会变得越来越少。据统计，全世界氯氟烃年产量已高达100多万吨，其中西方发达国家占96%。估计到2050年，大气平流层中的氯氟烃将比目前增加9倍。

到那时，70%的臭氧层将被破坏，辐射到地球上的紫外线总量比今天增加1倍多，这将直接影响人类的生存环境。咄咄逼人的紫外线"大军"正兵临城下，这不能不令人感到担忧：人类将何去何从？人类决不会束手待毙，保护臭氧层，向氯氟烃宣战的战略行动正在进行。

核污染

核爆炸产生的放射性核素在爆炸高温下呈气态，它们随爆炸火球上升。当爆炸火球温度逐渐下降时，气态物质便凝成颗粒状随蘑菇状烟云扩散，逐渐沉降到地面。这些沉淀的放射性颗粒被称为放射性沉降物。放射性沉降物又可分为近区沉降物和全球性沉降物。近区沉降物是爆炸后几小时至1天内在爆炸区附近和处于下风的几百千米范围的沉降物，这种沉降物颗粒较大。那些细小的放射性颗粒随烟云到达对流层顶部，进入平流层，并随大气环流流动，经过若干天甚至几年才重新回到平流层，这样的沉降物便是全球性沉降物。

核爆炸的高度越高，近区沉降物越少。在地面爆炸时，近区沉降的放射性物质占总放射性物质的 60% ~ 80%。在离地面 30 千米以上进行高空爆炸，几乎没有近区沉降物。核试验造成的全球性污染要比核工业造成的污染严重得多。1970 年以前，全世界大气层核试验进入平流层的锶 90 达 57.4 亿亿贝可，其中 55.5 亿亿贝可已经降到地面。

放射性物质产生的电离辐射对人群健康有不良的影响。自从发现 X 射线和镭以后，相继出现放射性损伤、皮炎、皮肤癌、白血病、再生障碍性贫血等病症，以后又发现接触发光涂料——镭的女工患下颌骨癌，铀矿开采工厂患肺癌的可能性特别大。1945 年，美国在日本的长崎、广岛扔下了原子弹，原子弹爆炸后，当地居民长期受到辐射的影响，肿瘤、白血病的发病率明显增高，因而引起人们对放射性物质危害的重视。

1954 年以后，核爆炸试验急剧

核爆炸

31

增多，放射性沉降物造成的环境污染使全球受到影响。

各种放射性物质在环境中经过食物链转移进入人体，这个过程受到许多因素的影响。这些影响包括放射性核素的理化性质和环境因素、动植物体内的代谢情况以及人们的饮食习惯等。放射性核素进入人体后，射线会对机体产生持续的照射，直到放射性核素蜕变成稳定性核素或全部排出体外为止。

人体受某些微量的放射性核素污染并不影响健康。当体内照射剂量较大时，可能出现近期效应。这些效应包括出现头痛、头晕、食欲下降、睡眠障碍等神经系统和消化系统的症状，继而还会出现白细胞和血小板减少等症状。超剂量的放射性物质长期作用于体内，可产生远期效应，如出现肿瘤、白血病和遗传障碍。

放射性污染物对环境的作用将是长期的、永久性的。这就要求人们在利用放射性物质和进行核试验时，要清醒地认识到环境可能造成的污染。在科技发展的过程中，人们对放射性物质的利用次数和数量一定会越来越多。同样，人们对它的防范措施也一定会越来越严密，越来越有成效。

"空中死神"——酸雨

酸雨，作为一个国际问题，自从 1972 年首先由瑞典在斯德哥尔摩召开的联合国人类环境会议上提出后，已成为一个重大的国际环境问题。世界上最早为"酸雨"命名的人是英国科学家 R. 史密斯。1852 年，史密斯分析了英国工业城市曼彻斯特附近的雨水，发现那儿雨水中由于大气严重污染而含有硫酸、酸性硫酸盐、硫酸铵、碳酸铵等成分。他成了世界上第一个发现酸雨、研究酸雨的科学家，并由此开创了一门崭新的学科——化学气候学。史密斯对酸雨整整调查研究了 20 年，于 1872 年写了《空气和降雨：化学气候学的开端》一书。就是在这本书中，他第一次采用了"酸雨"这一术语。不过，由于当时世界上降酸雨的地方星星点点，并没有引起人们的重视。

直到史密斯发现酸雨的 40 年以后，一个名叫保罗·索伦森的科学家才进一步确证了酸雨的存在，并且提出了测量酸雨的方法。而酸雨问题真正

得到全世界的关注，则是 20
世纪的事情。

20 世纪以来，尤其是 20
世纪 50 年代以来，酸雨给人
类带来的危害愈演愈烈，逐
渐成为世人所关注的一大问
题。1963 年，美国康乃尔大
学教授金·林肯斯率领一批
科学家对新罕布尔州的哈伯
河进行考察时，发现当地降
下的雨是黑颜色的，黑雨中

酸雨导致鹅群死亡

含有很高的酸度。1967 年，瑞典科学家斯万特欧登在研究了各地的降雨之
后，发出了这样的警告："酸雨本质上是人类的化学战！"从此，世界各国
的科学家和环境保护部门才把对酸雨的研究和治理陆续摆到议事日程上来。

平常的雨水都呈微酸性，pH 值在 5.6 以上，这是因为大气中的二氧化
碳溶解于洁净的雨水中以后，一部分形成呈微酸性的碳酸的缘故。然而燃
烧煤和石油的过程会向大气大量释放二氧化硫和氮化物，当这些物质达到
一定的浓度以后，会与大气中的水蒸气结合，形成硫酸和硝酸，使雨水的
酸性变大，pH 值变小。我们把 pH 值小于 5.6 的雨水，称之为酸雨。

今天，酸雨已成为地球上很多区域的环境问题。在欧洲，雨水的酸度
每年以 10% 的速度递增；在北美，降落 pH 值只有 3 ~ 4 的强酸雨已经司空
见惯；在加拿大，酸雨危害面积已达 120 ~ 150 平方千米；在日本，全国降
落的酸雨 pH 值是 4.5；在印度和东南亚，一些土壤已经因频降酸雨而酸化。
我国西南各省如贵州、四川，酸雨情况也很严重。

哪里有酸雨，哪里就会有灾难发生。酸雨落在水里，可使水中的鱼群
丧命；酸雨落在植物上，可使嫩绿的叶子变得枯黄凋零；酸雨落到建筑物
上，可把材料腐蚀得千疮百孔，污迹斑斑。希腊雅典埃雷赫修庙上亭亭玉
立的少女神像，就被"折磨"得"面容憔悴"、"污头垢面"。酸雨进入人
体，会使人渐渐衰弱，严重者会导致死亡。据报载，仅在 1980 年一年内，

美国和加拿大就有 5 万余人成了酸雨的猎物。比利时是西欧酸雨污染最为严重的国家，它的环境酸化程度已超过正常标准的 16 倍。在意大利北部，5% 的森林死于酸雨。瑞典有 15000 个湖泊酸化。挪威有许多马哈鱼生活的河流已经遭酸雨污染。

酸雨是由大气中的酸性烟云形成的，这些酸性污染物，一部分来自大自然，如火山爆发、海水蒸发、动植物腐败而散逸出的含有酸性物质的气体；另一部分是由人类活动造成的，如工矿企业所喷出的浓烟，各种车辆排出的废气等。这些酸性物质到了大气之中，溶入雨水降到地面，便形成了酸雨。

来自大自然和人类活动的两部分酸性物质的污染中，哪一部分是主要的祸首呢？我们不妨作一个比较。1980 年 5 月 18 日，美国华盛顿州的圣海伦火山突然喷发，酿成了几十年以来美国最严重的自然污染，专家们估计，这次火山爆发散入大气的亚硫酸酐约有 40 万吨，这当然是一个惊人的数字。可是，有人作过科学测试，一个中型的燃煤火力发电厂，一年内也能向大气排放 40 万吨亚硫酸酐，全世界难以计数的大中型火电厂，该相当于多少座火山爆发呀！相比之下，后者的危害就可想而知了。

在美国洛杉矶，有时降雨中的 pH 值达到 3，而在蒙大拿，积雪中所含的 pH 值则为 2.6。这些数字意味着什么呢？醋是人们在饮食中常用的调料，少放一点能使菜肴增加鲜味，但稍稍过量，就会感到难以下咽了，可是，醋的 pH 值不过 3 左右；说到柠檬水，我们的牙齿就会条件反射地产生发酸的感觉，然而，这种饮料的 pH 值也只有 2.3 左右。如此一比较，洛杉矶的酸雨和蒙大拿的积雪酸度就一目了然了。创造世界"酸度之最"的酸雨，出现在美国弗吉尼亚州西部的惠林地区，1979 年，这一带下了一场暴风雨，雨中的 pH 值竟达到 1.5 左右，这样的酸度几乎同汽车蓄电池中的液体相似，它们洒到哪里，哪里的绿色植物就顿时枯死。树犹如此，人何以堪？

在加拿大，酸雨已经使 4000 个大大小小的湖泊变成了没有生命的死亡之湖。新斯科舍半岛地区的 9 条河流，本来是大西洋的鲑鱼产育幼卵的地方，如今再也见不到产卵的鱼群了。加拿大的森林资源也是著称于世的，而酸雨正在使这个国家的森林大片大片地枯死毁坏。

在欧洲，瑞士、瑞典、德国、挪威等国也是如此。瑞士一向以它如画的风景吸引着各国旅游者，可是，它那茂密葱翠的树林由于酸雨的侵害而大片枯萎，碧绿的湖水也开始变质，这个旅游休养的圣地正在失去美丽的风采。瑞士提契诺州的渔业公司在本州的湖泊里投放了一批鳟鱼鱼苗，以期秋天收获美味的鳟鱼，不曾料到，这些湖泊早已被酸雨变成了鱼的地狱，第二天，所有的鱼都白花花地浮在了水面上。德国的拜恩和巴顿地区，过去那蔽日的森林，后来也有大半被酸雨摧毁，造成了巨大的经济损失。在瑞典，一些村庄的井水也变得发酸，酸雨形成的环境污染"使有的农妇的头发像春天的桦木一样发绿"。

正如美国环境科学家所描述的：在美国纽约州坷迪龙狭克山脉的云杉、铁杉树林中，掩映着闪闪发光的布鲁克特劳特湖，周围是死一般的沉寂，连蛙声都听不到，晶莹的水面下也没有任何生物在活动，而在 20 年前，宁静的湖水中充满了生气，鳟鱼、鲈鱼和小狗鱼自由自在地嬉游其中，可是如今什么鱼都没有了。这是多么残忍的对比啊！

酸雨还严重侵蚀希腊雅典的女神庙、意大利罗马的斗兽场、伦敦的圣保罗大教堂、印度的泰姬陵。这些古老的建筑，在酸雨的无情洗刷之下，它们正在失去华丽典雅的风姿。一个作家专门写了一本书，历述威尼斯古城遭受的污染，书名为《威尼斯的死亡》，他在书中痛心疾首地宣称："威尼斯正在死亡，没有挽救的希望了。"由于酸雨对建筑物的严重损害，人们干脆将它称为"石头的癌症"。

酸雨还会影响铁路运输，并使桥梁、水坝、工业设备、供水系统、地下贮罐、水力发电机以及电力和电信电缆所用的许多材料很快受到腐蚀。中国酸雨飘动的情况也日趋严重，1982 年开展的一次酸雨普查，在 2400 多个普查监测的雨水样品中，属酸雨的占 44.5%。由于酸雨在空中飘移，是超越国界的全球问题，因此已被各国环境科学家看作 20 世纪内最难治理的棘手问题之一，被冠之以"空中死神"的恶名。酸雨也给我们敲响了警钟：人类不要过于沉缅于战胜自然的喜悦中，人类的每一次胜利，大自然都报复了人类。

酸雨更可怕的危害，是直接损害人的身体健康。在酸雨的肆虐面前，受害最大的是老人和儿童。由于酸雨的诱发而患上各种呼吸道疾病的人，更是多得不计其数。

酸雨的变种——硫酸雾和早春的酸性融雪，其危害性也不容忽视。大气中的二氧化硫在多雾的季节溶入雾中，形成硫酸雾以后，它的毒性要大10倍。当每升空气中含有0.8毫克的二氧化硫时，人们在呼吸时感觉并不明显；而同样浓度的硫酸雾就会使人难以忍受。高浓度的硫酸雾更容易在短时间内引发哮喘等呼吸道疾病。难怪人们惊呼："酸雨已成为所有想象得出的、破坏性最大的污染物之一，是生活圈中的一种疟疾！"酸雨给人类带来的灾难，已经引起了世界性的抗议和愤怒，"制止酸雨"成为人们的强烈呼声。

为了降低酸雨的危害，有人想出了这样的主意：将烟囱加高，使烟雾飘得更远，不让烟尘洒落在附近地区，以此来平息周围居民的愤怒。结果如何呢？厂区附近的烟雾虽然减轻了，但是酸雨的悲剧却被送到更远的地方。由于排放出的亚硫酸酐进入更高的空中以后，飘逸范围更广，这等于进一步扩大了环境污染。

例如，意大利米兰地区排出的烟雾，可以随风越过阿尔卑斯山飘往邻国，而英国、德国的烟雾却降落到了斯堪的那维亚半岛的国家。最不幸的是北欧诸国，因为那里的大气流常常把有毒烟雾带往北方，所以有人说，当今的欧洲北部地区实际上成了化学污染物的垃圾箱。在那里，受害最深的是瑞典、挪威等国。瑞典大气中亚硫酸酐的80%便是由其他国家"馈赠"的，而挪威大气中的化学污染物有90%是"舶来品"。

因此，酸雨问题成了国际纠纷的一个焦点，北欧国家与英国、德国之间已经为酸雨进行了多年的讼事，双方唇枪舌剑，争吵激烈。但是，如果不从根治酸雨之源入手，问题显然是不可能解决的。

为了防治酸雨，第一步是要对酸雨进行检测。为此，澳大利亚的科学家制成了一种酸雨自动取样器，这种取样器有一个由马达驱动的盖子，天下雨时，盖子就自动打开，雨停时则自动关闭，这样，灰尘或昆虫之类的污染物就不能进入。这种装置内装有8只瓶子，可以收集一星期的雨水样品，并可存储用于以后分析。连续的雨量记录完全计算机化，取样器和记录器都由电池供电，每隔几个月才需要更换一次电池。

城市热岛效应

早在 1818 年，人们就发现城市气温比周围乡村高，这种现象被称为城市热岛。以年平均温度来说，北京和南京市区比郊外高 0.7℃，杭州和贵阳的市区温度也比郊外高 0.4℃~0.5℃，柏林市内的温度高出郊外 1.0℃，纽约市内可高 1.1℃，巴黎和莫斯科的市区温度高于郊外 0.7℃。不同季节里城乡温度的差异可比年平均情况更突出。如盛夏的北京，天安门广场上中午的气温就比郊区高出 3℃ 左右。

产生城市热岛的原因在于：城市市区比郊区高；城市有大量的水泥混凝土、砖石结构的建筑物，广阔的柏油路面，这些建筑物和路面白天大量吸热，夜间逐渐放热，从而使市区夜间的温度比郊区更高；城市上空存在大量的烟雾和各种气体污染物，如二氧化碳等，它能大

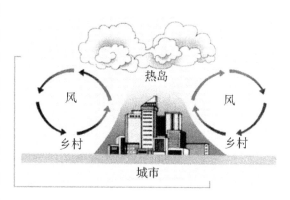

城市热岛效应

量吸收城市地面向太空放出的辐射能量，并以逆辐射的方式还给地面，从而使地面降温缓慢。

城市热岛的存在，既有弊也有利。城市气温偏暖，无霜期增长，可使北方城市近郊的菜区延长蔬菜生长期和减轻低温危害，也可减轻市区公共设施和园林草木遭受冻害。然而，在夏季，尤其在南方，热岛却可使城市变得更加酷热，加重了城市居民用水紧张，导致职工中暑发病率增高、工作效率减低等一系列弊病。

为了改善城市"热岛效应"带来的恶果，给城市居民的生活和生产创造良好的环境，有必要控制城市发展的规模，限制在城区发展耗能大的工业，根治污染，扩大绿化面积，保留湖塘水域，适当降低建筑密度。

电磁波"杀手"

科学技术的进步使更多的电器进入了办公室和家庭，工作和生活的效率也有了极大的提高。但是，电脑、复印机、空调器、电视机、手机等电器在使用过程中会发出各种不同波长的电磁波，这些电磁波包括无线电波、红外线、可见光、紫外线、X射线、γ射线等，它们看不见、摸不着、闻不到，却切切实实地出现在我们的周围，时时刻刻威胁着人们生存的环境。

人的大脑和神经会产生微弱的电磁波，当周围的电器在使用中发出比它强数百万倍的电磁波时，人体神经活动就会受到严重的干扰。如果人长时间处于这种强电磁波的环境中，就会出现头痛、注意力不集中、记忆力减退、嗜睡等症状，导致心血管疾病加重、消化系统发生障碍、精神疲乏、神经系统功能失调等。即使在不太强的电磁场环境中工作和生活，人体也会受到影响。因为电磁辐射能使人体的温度调节机制功能紊乱，对神经系统、心血管系统、生殖系统的正常活动都会产生不同程度的影响。

研究指出，低频电磁场是患白血病、淋巴肿瘤的诱因，电网上产生的电磁场也许是"未被证明的诱发人类癌症的原因"。从动物试验中显示，低频电磁波能使鸡和鼠的胚胎出现相当高的畸形比例，母鼠很容易流产。在电磁波的刺激下，人体癌症细胞的生长速度要比未受电磁波刺激的癌细胞快23倍。由此看来，电磁波已经严重威胁着人类的生存环境，如何防治电磁波的污染已成为环保工作者所面临的迫切任务。

电磁波在工作和生活中给人们带来了极大的方便，也带来了极大的危害。现代人几乎很难脱离具有电磁辐射的环境，正因为如此，对待电磁波我们一定要采取积极的态度。只要我们采取一定的措施，电磁波对人体的危害是完全可以避免的。

癌症与环境污染

癌症与环境关系密切，首先表现在癌症具有明显的地域特征。据一些调查证明：不同地区的土壤、饮水、作物、食物中的微量元素各异，通过食物链进入人体的各种元素的数量也不同，而某些元素的缺乏或过多，都能导致不同部位的肿瘤。胃癌的发病率与土壤中镁的含量呈负相关；某些金属矿区地下水及饮水受到砷污染后，多有皮肤癌发生；而在瑞典，就因饮用水中含碘量低，导致了甲状腺癌的发病率提高。

其次又表现在它有明显的职业特征。长期与阿米脱和其他除锈剂接触的铁路工人，各部位肿瘤发病率都有升高趋势；合成染料厂中患膀胱癌的较一般人多；大量接触放射性物质的工人中，患白血病的多；铀矿工人的肺癌死亡率很高；而石棉可以引起肺癌早已为人所知。

环境污染是引起癌症疾病最明显的原因。比如大型火力发电厂的废气、城市大量汽车排出的尾烟、家用燃料燃烧等，把大量煤烟、硫氟化物、一氧化碳、氮氧化物、焦油、粉尘等排入大气，其中焦油、粉尘、二氧化硫被认为具有较强的人体致癌作用。氮氧化物通过呼吸进入人体，与肺癌也有密切关系。

水体污染中，铬、镍、镉均有致癌作用，皮肤长期接触含砷废水可引起皮肤癌。但是，环境中也同时存在着抗癌物质。如斐济岛上生

环境污染

长的一种植物含甙，就有抗癌作用，它使该岛成为世界著名的"无癌岛"。植物中所含的长春新碱、秋水仙酰胺、喜树碱等，也具有很强的抗癌作用。另外进入人体的微量元素，在适当浓度和条件下，有的也有抑制肿瘤的作用。如饲料中硒的含量为 5~10 克/吨时致癌，在 1.0 克/吨时对癌有抑制作用。

热污染

大量的含热废水（冷却水等）不断地排入水体内，可使水温升高，影响水质，危害水生物的生存，因此被称为热污染。大量的含热废水主要来

自发电厂站的冷却水。以原煤和石油为燃料的发电，通常只有约 40% 的热量变为电能，剩余热量则排入大气或随冷水带走。估计每生产 1 度电约有 1200 千卡（1 千卡 = 4.184 千焦）的热量排出。利用原子能的发电站，需用的冷却水又要比以煤、油为燃料的发电站多 50% 以上。电力工业过去每 10 年约增长 1 倍，当前增长速度有加快的趋势。热污染将成为未来的水污染中最严重的问题之一。

工业废水

含热废水持续排入水体后，可使水域环境发生一系列化学、物理和生物变化。生物化学的反应速度随温度的升高而加快，在 0℃ ~ 40℃ 范围内，温度每升高 10℃，可使化学反应速度约增加 1 倍。在此状态下，往往可使水中有毒污染物如氰化物、重金属离子等对水生生物的毒性也随之增加。如在 760 毫米大气压下，空气中含氧为 20.9% 时，氧在淡水中的溶解度在 10℃ 时为 11.33 毫克/升，20℃ 为 9.17 毫克/升，30℃ 为 7.63 毫克/升。相反，水温升高，水体细菌分解有机物的能力就增加，使得生化需氧量也增加，从而进一步减少水中的溶解氧量。

这种情况严重时，可造成水体的缺氧状态，影响鱼类的生存。某些鱼类适合在较低的水温中生活，水温的改变可以使水域中原有的鱼类改变。例如，当生长鲑鱼的河流遭受一定程度的热污染后，鲑鱼群就将被鲈鱼和鲶鱼等暖水鱼种所取代。此外，水温升高有利于细菌的增殖，有可能使鱼类的发病率增高。水温的增加也可使一些藻类的繁殖增加，加剧了水体原有的"营养化"过程，破坏了水利和生态。美国有些水域就因此而使水流和航道受到阻碍。

全球环境问题的国际合作

人类环境宣言

联合国人类环境会议于 1972 年 6 月 5 日至 16 日在斯德哥尔摩举行，考虑到需要取得共同的看法和制定共同的原则以鼓舞和指导世界各国人民保持和改善人类环境，兹宣布：

（1）人类既是他的环境的创造物，又是他的环境的塑造者，环境给予人以维持生存的东西，并给他提供了在智力、道德、社会和精神等方面获得发展的机会。生存在地球上的人类，在漫长和曲折的进化过程中，已经达到这样一个阶段，即由于科学技术发展的迅速加快，人类获得了以无数方法和在

斯德哥尔摩

空前的规模上改造其环境的能力。人类环境的两个方面，即天然和人为的两个方面，对于人类的幸福和对于享受基本人权，甚至生存权利本身，都是必不可少的。

（2）保护和改善人类环境是关系到全世界各国人民的幸福和经济发展的重要问题，也是全世界各国人民的迫切希望和各国政府的责任。

（3）人类总得不断地总结经验，有所发现，有所发明，有所创造，有所前进。在现代，人类改造其环境的能力，如果明智地加以使用的话，就可以给各国人民带来开发的利益和提高生活质量的机会。如果使用不当，或轻率地使用，这种能力就会给人类和人类环境造成无法估量的损害。在地球上许多地区，我们可以看到周围有越来越多的说明人为的损害的迹象：

在水、空气、土壤以及生物中污染达到危险的程度；生物界的生态平衡受到严重和不适当的扰乱；一些无法取代的资源受到破坏或陷于枯竭；在人为的环境，特别是生活和工作环境里存在着有害人类身体、精神和社会健康的严重缺陷。

（4）在发展中国家，环境问题大半是由于发展不足造成的。千百万人的生活仍然远远低于生活所需要的最低水平。他们无法取得充足的食物和衣服、住房和教育、保健和卫生设备。因此，发展中国家必须致力于发展工作，牢记他们优先任务和保护及改善环境的必要。为了同样目的，工业化国家应当努力缩小他们自己与发展中国家的差距。在工业化国家里，环境一般同工业化和技术发展有关。

（5）人口的自然增长继续不断地给保护环境带来一些问题，但是如果采取适当的政策和措施，这些问题是可以解决的。世间一切事物中，人是第一可贵的。人民推动着社会进步，创造着社会财富，发展着科学技术，并通过自己的辛勤劳动，不断地改造着人类环境。随着社会进步和生产、科学及技术的发展，人类改善环境的能力也与日俱增。

（6）现在已达到历史上这样一个时刻：我们在决定世界各地的行动时，必须更加审慎地考虑它们对环境产生的后果。由于无知或不关心，我们可能给我们的生活和幸福所依靠的地球环境造成巨大的无法挽回的损害。反之，有了比较充分的知识和采取比较明智的行动，我们就可能使我们自己和我们的后代在一个比较符合人类需要和希望的环境中过着较好的生活。改善环境的质量和创造美好生活的前景是广阔的。我们需要的是热烈而镇定的情绪，紧张而有秩序的工作。为了在自然界里取得自由，人类必须利用知识在同自然合作的情况下建设一个较好的环境。为了这一代和将来的世世代代，保护和改善人类环境已经成为人类一个紧迫的目标，这个目标将同争取和平、全世界的经济与社会发展这两个既定的基本目标共同和协调地实现。

（7）为实现这一环境目标，将要求公民和团体以及企业和各级机关承担责任，大家平等地从事、共同地努力。各界人士和许多领域中的组织，凭他们有价值的品质和全部行动，将确定未来的世界环境的格局。各地方政府和全国政府，将对在他们管辖范围内的大规模环境政策和行动，承担最大的责任。为筹措资金以支援发展中国家完成他们在这方面的责任，还需要进行国际合作。种类越来越多的环境问题，因为它们在范围上是地区性或全球性的，或者因为它们影响着共同的国际领域，将要求国与国之间广泛合作和国际组织采取行动以谋求共同的利益。会议呼吁各国政府和人民为着全体人民和他们的子孙后代的利益而做出共同的努力。

这些原则申明了共同的信念：

（1）人类有权在一种能够过尊严和福利的生活环境中，享有自由、平等和充足的生活条件的基本权利，并且负有保护和改善这一代和将来的世世代代的环境的庄严责任。在这方面，促进或维护种族隔离、种族分离与歧视、殖民主义和其他形式的压迫及外国统治的政策，应该受到谴责和必须消除。

（2）为了这一代和将来的世世代代的利益，地球上的自然资源，其中包括空气、水、土地、植物和动物，特别是自然生态类中具有代表性的标本，必须通过周密计划或适当管理加以保护。

（3）地球生产非常重要的再生资源的能力必须得到保持，而且在实际可能的情况下加以恢复或改善。

（4）人类负有特殊的责任保护和妥善管理由于各种不利的因素而现在受到严重危害的野生生物后嗣及其产地。因此，在计划发展经济时必须注意保护自然界，其中包括野生生物。

（5）在使用地球上不能再生的资源时，必须防范将来把它们耗尽的危险，并且必须确保整个人类能够分享从这样的使用中获得的好处。

（6）为了保证不使生态环境遭到严重的或不可挽回的损害，必须制止在排除有毒物质或其他物质以及散热时其数量或集中程度超过环境能使之无害的能力。应该支持各国人民反对污染的正义斗争。

（7）各国应该采取一切可能的步骤来防止海洋受到那些会对人类健康造成危害的、损害生物资源和破坏海洋生物舒适环境的或妨害对海洋进行其他合法利用的物质的污染。

（8）为了保证人类有一个良好的生活和工作环境，为了在地球上创造那些对改善生活质量所必要的条件，经济和社会发展是非常必要的。

（9）由于不发达和自然灾害的原因而导致环境破坏造成了严重的问题。克服这些问题的最好办法，是移用大量的财政和技术援助以支持发展中国家本国的努力，并且提供可能需要的及时援助，以加速发展工作。

（10）对于发展中的国家来说，由于必须考虑经济因素和生态进程，因此，使初级产品和原料有稳定的价格和适当的收入是必要的。

（11）所有国家的环境政策应该提高，而不应该损及发展中国家现有或将来的发展潜力，也不应该妨碍大家生活条件的改善。各国和各国际组织应该采取适当步骤，以便就应付因实施环境措施所可能引起的国内或国际的经济后果达成协议。

（12）应筹集资金来维护和改善环境，其中要照顾到发展中国家的情况和特殊性，照顾到他们由于在发展计划中列入环境保护项目而需要的任何费用，以及应他们的请求而供给额外的国际技术和财政援助的需要。

（13）为了实现更合理的资源管理从而改善环境，各国应该对他们的发展计划采取统一和协议的做法，以保证为了人民的利益，使发展同保护和改善人类环境的需要相一致。

（14）合理的计划是协调发展的需要和保护与改善环境的需要相一致。

（15）人的定居和城市化工作必须加以规划，以避免对环境的不良影响，并为大家取得社会、经济和环境三方面的最大利益。在这方面，必须停止为殖民主义和种族主义统治而制订的项目。

（16）在人口增长率或人口过分集中可能对环境或发展产生不良影响的地区，或在人口密度过低可能妨碍人类环境改善和阻碍发展的地区，都应采取不损害基本人权和有关政府认为适当的人口政策。

（17）必须委托适当的国家机关对国家的环境资源进行规划、管理或监督，以期提高环境质量。

（18）为了人类的共同利益，必须应用科学和技术以鉴定、避免和控制环境恶化并解决环境问题，从而促进经济和社会发展。

（19）为了更广泛地扩大个人、企业和基层社会在保护和改善人类各种环境方面提出开明舆论和采取负责行为的基础，必须对年轻一代和成人进行环境问题的教育，同时应该考虑到对不能享受正当权益的人进行这方面的教育。

（20）必须促进各国，特别是发展中国家的国内和国际范围内从事有关环境问题的科学研究及其发展。在这方面，必须支持和促使最新科学情报和经验的自由交流以便解决环境问题；应该使发展中的国家得到环境工艺，其条件是鼓励这种工艺的广泛传播，而不成为发展中国家的经济负担。

（21）按照联合国宪章和国际法原则，各国有按自己的环境政策开发自己资源的主权；并且有责任保证在他们管辖或控制之内的活动，不致损害其他国家的或在国家管辖范围以外地区的环境。

（22）各国应进行合作，以进一步发展有关他们管辖或控制之内的活动对他们管辖以外的环境造成的污染和其他环境损害的受害者承担责任和赔偿问题的国际法。

（23）在不损害国际大家庭可能达成的规定和不损害必须由一个国家决定的标准的情况下，必须考虑各国的现行价值制度和考虑对最先进的国家有效，但是对发展中国家不适合和具有不值得的社会代价的标准可行程度。

（24）有关保护和改善环境的国际问题应当由所有的国家，不论其大小，在平等的基础上本着合作精神来加以处理，必须通过多边或双边的安排或其他合适途径的合作，在正当地考虑所有国家的主权和利益的情况下，防止、消灭或减少和有效地控制各方面的行动所造成的对环境的有害影响。

（25）各国应保证国际组织在保护和改善环境方面起协调的、有效的和能动的作用。

（26）人类及其环境必须免受核武器和其他一切大规模毁灭性手段的影响。各国必须努力在有关的国际机构内就消除和彻底销毁这种武器迅速达成协议。

（1972 年 6 月 5 日于斯德哥尔摩通过）

联合国环境与发展大会（巴西 1992 年）

1. 会议概况

联合国环境与发展大会于 1992 年 6 月 3 日至 14 日在巴西里约热内卢举

行。6月1日至2日为高级官员磋商，3日至11日为部长级会议，12日至14日为首脑会议。这次会议是1972年联合国人类环境会议以来举行的讨论世界环境与发展问题的筹备时间最长、规模最大、级别最高的一次国际会议，也是人类环境与发展史上影响深远的一次盛会。

联合国环境与发展大会

本次大会，有183个国家的代表团（而当时联合国成员国才179个）和70个国际组织的代表出席了会议。与此同时，还有3000多个国际组织或国家的非政府组织25000多人举行了"92·环境论坛"大会，与官方会议相呼应、造成了很大的环保声势；据估计，到会记者就有八九千人。同期，在圣保罗还举办了环保技术展览会，有21个国家参加了展览，中国也派出了一个展览团。这样多的国家、这样多的人数，规模之大，在联合国的历史上确实是空前的。

本次环发大会的第三个特点是级别高。有102个国家的元首或政府首脑出席会议，发表了对环境与发展问题的见解，这在联合国的历史上也是破纪录的。

中国政府对这次环发大会非常重视，经党中央批准，派出了以李鹏总理为首的高级政府代表团，代表团成员有国务委员宋健和9位部长或副部长级、19位司局级的官员，共60多人。李鹏总理出席了首脑会议并发表重要讲话，提出了关于加强环发领域国际合作的5点主张，受到普遍赞扬，产生了广泛影响。宋健国务委员率中国代表团参加了部长级会议。我国代表团在会上发挥了重要和积极的作用，圆满完成了预定的任务。

2. 会议背景

在国际社会诸多的问题中，环境问题为什么会成为热点，为什么会突出到这种地步？权威人士认为主要是有三方面的原因：

第一，环境问题影响了人类的生存与发展，已构成了对人类的现实威胁。

第二，国际政治形势发生了重大变化，东西方关系缓和，结束了长期存在的冷战状态。发达国家产业革命以来频频发生的环境公害促成了广大公众环境意识的提高，自 20 世纪 70 年代以来环保运动、环境呼声不断高涨，对这些国家的执政者产生了很大的压力，为了缓和矛盾、顺应潮流，不管执政党还是在野党都要高举环保旗帜，于是在西方世界形成了一个波澜壮阔的环保浪潮。

第三，不管是发达国家还是发展中国家，发展经济都遇到了来自环境问题的压力，都需要在发展经济中找到解决环境问题的正确道路。

为了说明环境问题影响了人类的生存与发展，已构成了对人类的现实威胁，现给大家公布一些环境问题的背景情况。总的说来，自 1972 年斯德哥尔摩人类环境会议后的 21 年间，西方发达国家的环境污染有所控制，环境质量有所改善，但就全球环境来看，环境污染和生态破坏在急剧增长，前景令人担忧。

会议中的矛盾斗争和中国的独特作用

1. 会议中的矛盾和斗争

从会议的筹备到会议的召开，都充满了尖锐复杂的矛盾和斗争，既包括了环境与发展的矛盾和斗争，也包括了南北之间的矛盾和斗争，主要表现在：

（1）在国家主权和发展权问题上，发达国家打着保护全球环境的旗号，对发展中国家开发利用资源和发展经济提出种种限制，企图达到干涉和侵犯发展中国家主权的目的。

例如，说什么巴西的亚马孙大森林是国际公共财产，不准巴西砍伐；还说什么森林覆盖率不超过 22% 的国家不准砍伐，而许多发展中国家都达不到这个数，中国的森林覆盖率仅为 13%；他们还提出，开发利用野生生物资源也要经过国际社会的批准。在"发展权"问题上，美国等一些西方国家坚决反对"发展权"的提法，认为这与保护世界环境不相容；而发展中国家寸步不让，指出"发展权"是最基本的人权，为了摆脱贫困、摆脱殖民主义的剥削就必须发展自己的经济；西方国家认为，不去掉"发展权"的提法，就不出资金，就不签字。发展中国家认为，绝不拿国家主权作交易，直到部长级会议最后一天晚上，还在讨论这一问题，最后，发展中国家团结合作取得了胜利，"发展权"写入了会议通过的文件中。

（2）在环境责任和资金问题上，发达国家认为，全球环境问题要靠各国的共同努力才能解决。实际上是说环境责任人人有份。发展中国家则指出：全球环境问题是工业发达国家造成的，比如二氧化碳和氯氟烃物质的排入，是工业发达国家在长达一两百年中大量排入积累形成的，就是目前，75%的二氧化碳和86%的氯氟烃仍然是发达国家排放的。因此，发达国家要承担主要责任。现在除美国、日本外的多数发达国家已承认了这一点。

在资金问题上，发展中国家要求发达国家提供为保护环境所需的"新的、额外的资金"，并最迟到本世纪末达到联合国提出的官方发展援助占国民生产总值的0.7%的指标，并要求平等参与"全球环境基金"的管理。发达国家虽承认需要"新的、额外的资金"，但对提供资金态度不一。一是美国仍拒不接受0.7%的指标，主张将原定发展援助资金部分转至环保领域；二是英国、加拿大、日本等国原则接受此指标，但不同意规定实现的期限；三是法国、德国愿意在20世纪末达到指标要求，但估计将把它们对法属海外领地和东欧的援助计算在内，发展中国家实际获益有限；四是北欧国家已经达到指标，并表示愿意把援助增加到占国民生产总值的1%，但其绝对数额有限。筹资的不足，将影响全球环境保护的使用与进展。

（3）在技术转让问题上，发展中国家要求发达国家以"优惠的、非商业性的"条件转让技术，发达国家以保护知识产权为由拒绝接受。经反复磋商，发达国家虽原则同意"优惠条件"，但技术转让和保护知识产权的矛盾并未真正解决。

2．中国的独特作用

在会议的筹备和会议的进行中，中国自始至终都是强大的推动力量，成为舆论注意的中心。许多发展中国家和发达国家称赞中国对会议作出了积极的建设性的贡献。中国的独特作用表现在以下三个方面。

（1）在环境保护方面探索出了一条有中国特色的道路。中国既没有沿袭发达国家"先污染、后治理"的弯路，也没有采用目前西方国家"高技术、高投入"的模式，而是探索了一条在投入有限的情况下，强化环境管理、控制污染、保护环境的道路。我国颁布了 12 部环境保护方面的法律，几十项行政规定，200 多项环境标准，推行了 8 项环境管理制度，从中央到省、市、县建立起环境管理网络，依法进行了管理。10 年来，在国民生产总值增长了 36 倍的情况下，环境质量状况基本保持了稳定，避免了一些令人担忧的随着经济翻番环境污染也翻番的严重局面。这是所有发达国家在工业化过程中没有做到的，被称为"奇绩"。

除了控制环境污染外，我国在农业生态保护、植树造林、人口控制等方面，也取得了举世瞩目的进展。这在国际上产生了广泛的影响。联合国的一些机构说：中国在环发领域为发展中国家树立了一个典范。有鉴于此，中国国家环保局局长曲格平同志获得了联合国 1992 年度国际环境奖。

49

（2）在会议的筹备过程中，1991 年我国邀请 41 个发展中国家在北京举行了环境与发展部长级会议，中国就提出了对世界环境问题的 5 点原则立场，得到普遍的赞赏与接受，并以此为基础，形成了著名的《北京宣言》，协调了发展中国家的共同立场，对开好本次环境大会作出了重大贡献。在环发大会提交会议审议的 5 个主要文件中，《北京宣言》中的基本原则都被肯定了。

（3）在会议筹备过程和会议进行中，中国与 77 国集团密切配合，在立场一致的基础上，以"77 国集团加中国"新的合作方式共同提出立场文件和决议草案，成为南北双方谈判的基础文件。中国既做南北方的协调工作，也做发展中国家的协调工作，成为发展中国家和发达国家都需要的合作伙伴。我国代表团还参加了美、欧、日、"77 国集团"代表等小范围谈判，在坚持原则的前提下求同存异，促成了在资金、技术转让等关键问题上达成协议。

我国在国际环保事务中的原则立场

时任总理李鹏在联合国环发大会首脑会议上的重要讲话中精辟地阐明了我国在国际环保事务中的 5 点原则立场，这就是：

（1）经济发展必须与环境保护相协调。经济发展是人类自身生存和进步所必需，也是保护和改善地球环境的物质保证。对许多发展中国家来说，发展经济、消除贫困是当前的首要任务。在解决全球环境问题时，应充分考虑发展中国家的这种合理的迫切需要。

国际社会应该做出切实努力，改善发展中国家在债务、贸易、资金等领域面临的困难处境，促进其经济发展。同时各国的经济发展不能脱离环境的承受能力，应该实行保持生态系统良性循环的发展战略，实现经济建设和环境保护的协调发展。

（2）保护环境是全人类的共同任务，但是经济发达国家负有更大的责任。人类共居在一个地球上，某些环境问题已超越国家和地区界限。解决全球环境问题是每个国家和地区的共同利益所在。从历史上看，环境问题主要是发达国家在工业化过程中过度消耗自然资源和大量排入污染物造成的。就是在今天，发达国家不论是从总量还是从人均水平来讲，资源的消耗和污染物的排入仍然大大超过发展中国家，对全球环境恶化负有主要责任。

同时，发达国家有更雄厚的经济实力和更先进的环保技术，理应为解决全球环境问题承担更多的义务。发达国家应为发展中国家提供新的额外资金并以优惠条件转让保护环境的技术，以帮助发展中国家改善自身环境和参与保护全球环境。这样做不仅对发展中国家有利，对发达国家来说也是符合其自身利益的明智之举。

（3）加强国际合作要以尊重国家主权为基础。国家不论大小、贫富、强弱，都有权平等参与环境和发展领域的国际事务。解决全球环境与发展问题，必须在尊重各国的独立和主权的基础上进行。各国对其自然资源和生物物种享有主权，有权根据本国国情决定自己的环境保护和发展战略，并采取相应的政策和措施。同时，各国在开发利用本国自然资源的过程中，也应防止对别国环境造成损害。

（4）保护环境和发展离不开世界的和平与稳定。战争和动乱不仅造成生命、财产的重大损失，对于生态环境也必然会带来严重破坏。在推进世界环境保护和发展事业的同时，各国应致力于本国的稳定，维护地区与世界的和平，通过谈判和平解决一切争端，反对诉诸武力或以武力相威胁。

（5）处理环境问题应兼顾各国现实的实际利益和世界的长远利益。当前，在重视气候变化、生物多样性等全球性环境问题的同时，特别需要优先考虑发展中国家面临的环境污染和水土流失、沙漠化、植被减少、水旱灾害等生态破坏问题。解决这些问题不但可以消除对发展中国家环境与发展的严重威胁。对推进全球的环境与发展事业也具有重要意义。国际社会应当理解与支持发展中国家在这些问题上的合理要求。

会议的主要成果

（1）会议通过了《里约环境与发展宣言》、《二十一世纪议程》和《关于森林问题的原则声明》。《气候变化框架公约》和《生物多样性公约》在会议期间开放签字，有 153 个国家和欧共体正式签署。会议文件和公约有利于保护全球环境和资源，要求发达国家承担更多的义务，同时也照顾到发展中国家的特殊情况和利益。总的来看，这些文件具有积极的意义。

（2）普遍提高了环境意识强调环境危机感、要求采取有效措施，成为会议的一致呼声。发展中国家和发达国家在发言中都高举环保旗帜。前来采访的新闻记者和参加民间机构会议的与会者，在环发大会内外大造舆论，形成很大的环保声势和压力。举环保旗帜者受欢迎，不举环保旗帜者受批评。

（3）广泛接受了环境保护与经济发展密不可分的道理。西方产业革命以来那种"高生产、高消费、高污染"的传统发展模式遭到否定，环境保护和经济发展相协调的主张成为与会各国的共识和会议的基础，并反映在会议的各项文件中。许多发展中国家领导人在讲话中均对此予以肯定。印尼总统苏哈托在讲话中指出，这次大会将发展与环境结合起来，是对人们在环境问题上的一次"纠偏"。瑞典国王和芬兰总统也强调了环境保护同发展经济、消除贫困相结合的重要性。

（4）维护了国家主权、经济发展权等重要原则。

（5）突出了发展中国家的重要作用。

"环发十大对策"的产生

巴西环发大会之后，宋健同志和时任总理李鹏对中国如何行动特别关心，做过重要指示。李鹏说："中国政府是一个讲信义、负责任的政府，我们签署了文件，就要履行应尽的义务。环境问题是关系到我们经济发展的大问题，要借这次会议提供的机会，促进我国经济与环境的协调发展。要提出一个行动方案，提交党中央和国务院批准实施。"宋健同志按照总理指示精神，要求有关部门认真研究，拿出实施的方案，并且亲自参加方案的讨论和修改。经过国家计委、国家科委、外交部、国家环保局以及能源、气象等多个部门的多次座谈研究之后，提出了我国在环境发展领域需要采取的十条对策和措施。

这十条对策和措施，是我国环保且在今后的一段时期，至少在"八五"和"九五"时期，都将是我国工作的重点和努力方面。

里约环境与发展宣言

联合国环境与发展会议，于 1992 年 6 月 3 日至 14 日在里约热内卢召开，重申 1972 年 6 月 16 日在斯德哥尔摩通过的联合国《人类环境宣言》，并试图在其基础上再推进一步，怀着在各国、在社会各个关键性阶层和在人民之间开辟新的合作层面，从而建立一种新的、公平的全球伙伴关系的目标，致力于达成既尊重所有各方的利益，又保护全球环境与发展体系的国际协定，认识到我们的家乡——地球的整体性和相互依存性，兹宣告：

原则 1，人类处于普受关注的可持续发展问题的中心。他们应享有以与自然相和谐的方式过健康而富有生产成果的生活的权利。

原则 2，根据《联合国宪章》和国际法原则，各国拥有按照其本国的环境与发展政策开发本国自然资源的主权权利，并负有确保在其管辖范围内或在其控制下的活动不致损害其他国家或在各国管辖范围以外地区的环境的责任。

原则3，为了公平地满足今世后代在发展与环境方面的需要，求取发展的权利必须实现。

原则4，为了实现可持续发展，环境保护工作应是发展进程的一个整体组成部分，不能脱离这一进程来考虑。

原则5，为了缩短世界上大多数人生活水平上的差距，和更好地满足他们的需要，所有国家和所有人都应在根除贫穷这一基本任务上进行合作，这是实现可持续发展的一项必不可少的条件。

原则6，发展中国家，特别是最不发达国家和在环境方面最易受伤害的发展中国家的特殊情况和需要应受到优先考虑。环境与发展领域的国际行动也应当着眼于所有国家的利益和需要。

原则7，各国应本着全球伙伴精神，为保存、保护和恢复地球生态系统的健康和完整进行合作。鉴于导致全球环境退化的各种不同因素，各国负有共同的但是又有差别的责任。发达国家承认，鉴于他们的社会给全球环境带来的压力，以及他们所掌握的技术和财力资源，他们在追求可持续发展的国际努力中负有责任。

原则8，为了实现可持续发展，使所有人都享有较高的生活素质，各国应当减少和消除不能持续的生产和消费方式，并且推行适当的人口政策。

原则9，各国应当合作加强本国能力的建设，以实现可持续的发展，做法是通过开展科学和技术知识的交流来提高科学认识，并增强各种技术——包括新技术和革新性技术的开发，适应修改、传播和转让。

原则10，环境问题最好是在全体有关市民的参与下，在有关级别上加以处理。在国家一级，每一个人都应能适当地获得公共当局所持有的关于环境的资料，包括关于在其社区内的危险物质和活动的资料，并应有机会参与各项决策进程。各国应通过广泛提供资料来便利及鼓励公众的认识和参与。应让人人都能有效地使用司法和行政程序，包括补偿和补救程序。

原则11，各国制定有效的环境立法。环境标准、管理目标和优先次序应该反映它们适用的环境与发展范畴。一些国家所实施的标准对别的国家特别是发展中国家可能是不适当的，也许会使它们承担不必要的经济和社会代价。

原则 12，为了更好地处理环境退化问题，各国应该合作促进一个支持性和开放的国际经济制度，这个制度将会导致所有国家实现经济成长和可持续的发展。为环境目的而采取的贸易政策措施不应该成为国际贸易中的一种任意或无理歧视的手段或伪装的限制。应该避免在进口国家管辖范围以外单方面采取对付环境挑战的行动。解决跨越国界或全球性环境问题的环境措施应尽可能以国际协调一致为基础。

原则 13，各国应制定关于污染和其他环境损害的责任和赔偿受害者的国家法律。各国还应迅速并且更坚决地进行合作，进一步制定关于在其管辖或控制范围内的活动对在其管辖外的地区造成的环境损害的不利影响的责任和赔偿的国际法律。

原则 14，各国应有效合作阻碍或防止任何造成环境严重退化或证实有害人类健康的活动和物质迁移和转让到他国。

原则 15，为了保护环境，各国应按照本国的能力，广泛适用预防措施。遇有严重或不可逆转损害的威胁时，不得以缺乏科学充分确实证据为理由，延迟采取符合成本效益的措施防止环境恶化。

原则 16，考虑到污染者原则上应承担污染费用的观点，国家当局应该努力促使内部负担环境费用，并且适当地照顾到公众利益，而不歪曲国际贸易和投资。

原则 17，对于拟议中可能对环境产生重大不利影响的活动，应进行环境影响评价，作为一项国家手段，并应由国家主管当局作出决定。

原则 18，各国应将可能对他国环境产生突发的有害影响的任何自然灾害或其他紧急情况立即通知这些国家。国际社会应尽力帮助受灾国家。

原则 19，各国应将可能具有重大不利跨越国界的环境影响的活动向可能受到影响的国家预先和及时地提供通知和有关资料，并应在早期阶段诚意地同这些国家进行磋商。

原则 20，妇女在环境管理和发展方面具有重大作用。因此，她们的充分参加对实现持久发展至关重要。

原则 21，应调动世界青年的创造性、理想和勇气，培养全球伙伴精神，以期实现持久发展和保证人人有一个更好的将来。

原则22，土著居民及其社区和其他地方社区由于他们的知识和传统习惯，在环境管理和发展方面具有重大作用。各国应承认和适当支持他们的特点、文化和利益，并使他们能有效地参加实现持久的发展。

原则23，受压迫、统治和占领的人民，其环境和自然资源应予保护。

原则24，战争定然破坏持久发展。因此各国应遵守国际法关于在武装冲突期间保护环境的规定，并按必要情况合作促进其进一步发展。

原则25，和平、发展和保护环境是互相依存和不可分割的。

原则26，各国应和平地按照《联合国宪章》采取适当方法解决其一切的环境争端。

原则27，各国和人民应诚意地本着伙伴精神、合作实现本宣言所体现的各项原则，并促进持久发展方面国际法的进一步发展。

（1992年6月14日在里约通过）

可持续发展

发展概念

当前，在国际社会和世界学术界，"发展"一词是一个被广泛使用和频繁提及的概念，是一个人类千百年来始终执着追求的最基本、最崇高、最普遍的目标，同时也是一个全世界普遍关注的重大命题。在发展的过程中，人类取得了前人所未获得的辉煌成绩，也遭受过无数的自然界无情的惩罚和报复。它所以重大，是因为它涉及各国、各地区和各民族的切身利益，关系到未来世界的面貌与形态，影响着人类与自然界的相互关系，因此构成了对世界各国决策者、国际社会和全人类的严重挑战。

按照西方的传统观念，发展和经济增长是一个概念。美国版和英国版的《国际社会科学百科全书》的经济发展条目下注明"见经济增长"。而《牛津英文词典》对"发展"的释义为"与进化是一个意思"。德文词典中以间接方式来阐述"发展"一词，通过例举阐述其含义："例如，可以说我国的文化、社会、历史、经济的发展。"另一种观点则认为，"发展"这一概念，主要适用于发展中国家和不发达国家。关于"发展"的定义，我们还可以阐述和列出一些，但是都不外乎如下两种观点：

（1）发展就是经济增长，就是国民总产值的增加，适用于一切国家；

（2）发展不同于经济增长，它主要适用于发展中国家和不发达国家。

总之，从目前的研究来看，多数专家和学者认为：发展的实质就是指一个国家、一个地区、一个民族如何通过多方努力实现现代化的问题，即研究、探讨、总结和寻求在通往现代化过程中所遇到的各种理论与实践的问题，如发展的目标、发展的模式、发展的途径、发展的方法、发展的优先领域及其相互之间的联系等。

从广义上讲，发展问题不应只适用于不发达国家和发展中国家，而是全球性的共同问题，只是发达国家和不发达国家及发展中国家在发展内容上的阶段性差异和发展模式、发展途经及发展方法上的不同选择而已。对于发达国家来说，主要是回答工业化实现以后社会生活中出现的种种新变化和向后工业社会、信息社会发展以及担当更多的责任以解决全球性环境等问题；而对于发展中国家来说，当务之急仍是如何实现工业化和全面现代化以解决贫困和缩小与发达国家之间的差距等问题。

从狭义上讲，发展问题又是一个针对性很强的问题，它更主要的是针对发展中的国家和社会如何通过包括经济、科技、政治、社会、文化和教育等诸多方面的努力，来完成由落后的不发达状态向先进的发达状态的过渡和转化。

因此可以说，发展问题正日益成为各门学科密切注意的重大课题，从生态学到工程学，从经济学到社会学，从哲学到数学，从系统工程学到未来学，从事各种不同学科研究的学者都从各自不同的研究角度，以各自学科的思想内容和理论为基础去认识、研究和探讨这一影响人类未来的发展问题，并且这个问题正日益成为各国从事国内和国际事务的政治家、战略家和广大公众所普遍注目的焦点。

从发展到可持续发展

可持续发展思想，是由世界环境与发展委员会于1987年提出来的。日后，随着其影响的日益广泛，现已成为许多国家和地区制定发展战略的指导思想。按照世界环境与发展委员会的定义，所谓可持续发展，"是既满足当代人的需要，又不对后代满足其需要的能力构成危害的发展"。

这虽然是一种粗略的定性描述，在转化成实践的过程中也会有一定的困难，但作为一种新思想、新观念，在人与自然相互作用的过程中对调节人类的活动起到了承前启后的作用。

可持续发展作为一种社会经济发展思想与传统的发展思想是相对立的，是在人类饱尝生态破坏所带来的痛苦的基础上提出的。因此，它从根本上否定了传统发展思想中的追求国民生产总值或国民收入的增长，而不顾自然资源的迅速枯竭的趋势和生态环境的严重破坏这种片面的价值观。它从整个人类的生存、繁衍和发展这一最终需要出发，重新确立起了环境（或自然）的价值，界定了环境（自然）在人类社会发展进程中的地位和作用，明确了人类与自然和谐发展、共同进步的途径和方式。

不可否认，传统发展思想在以高投入、高消耗为其发展的重要手段和基本途径，以高消费、高享受为其发展的追求目标和推动力的基础上，确实将人类的历史文明向前大大地推进了一步。但是与此同时，正是这种传统的发展思想将人类逐渐地引进了与自然界全面对抗和尖锐对立的冰雪时代。

到 20 世纪 90 年代，自然界由于环境和生态的破坏对人类的报复变得越来越频繁，越来越激烈，给人类造成的损失和灾难也越来越大。如全球气候变暖、大气臭氧层的破坏、酸雨污染、土地沙漠化、生物多样性锐减、海洋与淡水资源的污染、有毒化学品和放射性核物质的转移与危害等等。

所有这一切，人类已经把自己逼到了一个必须作出历史抉择的紧要关头：或者继续我行我素，坚持传统的发展思想，保持或扩大国家之间的经济差距，在世界各地增加贫困、饥饿、疾病和文盲，继续使我们赖以生存的地球生态系统进一步恶化。那么，结果只有一条，就是人类最终只会走向自我毁灭，自我消亡；或者人类与传统的发展思想彻底决裂，并根据持续发展的原则与理论，重新调整各项有关政策，探讨并建立资源与人口、环境与发展的科学合理的比例和模式，进一步调节人类活动的方式和规模，使人类发展与环境状况走上一个良性循环的轨道。

在1992年6月份召开的联合国环境与发展大会上，可持续发展成了时代的最强音，并被具体体现到了这个会议发表的五个重要的文件中。时任总理李鹏代表我国政府在这些重要文件上签了名，表明了我国政府在对待可持续发展这类问题的态度。所有这一切表明，人类最终理智地选择了可持续发展这条人类发展的唯一途径，这是人类文明的历史性的重大转折，是人类告别传统发展和走向新的现代文明的一个重要的里程碑。

可持续发展的核心概念与基本观点

可持续发展的最广泛的定义和核心思想是："既满足当代人的需要，又不对后代人的满足其需要的能力构成危害（《我们共同的未来》）。""人类应享有以与自然相和谐的方式过健康而富有生产成果的生活的权利，并公平地满足今世后代在发展与环境方面的需要，求取发展的权利必须实现（《里约宣言》）。"

因此，可持续发展既是人类新的行为规范和准则，又是人类新的价值观念。作为行为规范，它提出了一系列的准则，强调人类追求的是健康而富有生产成果的生活权利并坚持和保持与自然相和谐方式的统一，而不应当是凭借人类手中掌握的高技术和高投资，采取耗竭资源、破坏生态和污染环境等方式来追求这种人类所崇尚的发展权利的实现，从而给人类划定了社会发展的方向并形成了强有力的约束；作为价值观念，它是人类社会发展的重要的、明确的导向系统，它强调当代人在创造与追求今世发展与消费的同时，应承认并努力做到使后代人拥有与自己同等的发展机会和权利，而不应当也不允许当代人一味地、片面地、自私地甚至是贪婪地为了追求自己的发展和消费，而毫不留情地剥夺了后代人本应合理享有的同等的发展权利与消费机会，从而体现了人类开始进入更高的发展阶段的价值取向。

可持续发展作为一种与传统发展截然不同的新的发展理论和发展模式，除了在以上核心思想的指导下，它还包含了以下几方面的内容：

首先，可持续发展把发展作为头等重要的内容。可持续发展的最终目标和根本目的就是要在全球范围内消除贫困，缩小南北差距，使人类长时期地在地球上生存和发展下去。因此，发展是人类共同的和最普遍的权利，无论是发达国家，还是发展中国家都享有这一最普遍的、最根本，同时也就是平等的、不容剥夺的发展权利。特别是对于发展中国家来说，发展权尤为突出和重要，它同时还是一个国家和地区人权的重要内容和衡量的标准。

打开一张世界地图，人们就可以显而易见地看到这样一种奇特的现象和不可否认的事实，即世界上的不发达国家和地区绝大多数都集中在地球北纬30°～南纬30°这个区间，而绝大多数的发达国家和地区却恰恰在这个区间之外。这是偶然的巧合吗？这绝非是一个偶然的巧合。诚然，生存在北纬30°～南纬30°所属范围的发展中国家正日益经受着来自贫穷和生态恶化的双重压力，贫穷是导致这些国家和地区环境破坏、生态恶化和自然灾害频繁发生的根源，而生态恶化又更加剧了贫穷，贫穷和生态恶化就如同是一对难解难分的双胞胎，把发展中国家推进了一个步履十分艰难的困境。

还有，不平等的国际经济秩序和不合理的国家经济环境更加剧了发展中国家的贫困。历史上殖民主义和自然生态环境造成的不公道，继续推波助澜，使既成的不平等、不合理不断升级和激化。在不合理的国际经济体系下导致不合理的国际经济分工，同样也加剧了发展中国家贸易的劣势与危险。按照目前的国际分工，发展中国家的出口商品中约有3/4是初级产品和资源，而进口商品中约有2/3是制成品，且出口商品结构单一，这势必会造成发展中国家对发达国家的进一步依赖的加强，导致初级产品的过剩和跌价，给发展中国家的经济计划和预算造成极大的被动和混乱。

相反，发达国家依仗其拥有的高技术、现代化的管理手段和令人吃惊的雄厚资本，使工业企业生产同等数量、同等质量与产值的产品所耗用的原料不断降低。原材料消耗的下降，必然导致原料相对过剩，不可避免地造成价格暴跌，这自然而然就会给以初级产品为经济命脉的发展中国家以沉重的打击，使它们赔了血本、吃了大亏、负债累累，从而加速了贫困化的进程。

此外，发达国家的政府有足够的储备，制造商也可以囤积奇缺，以操

59

纵、促使价格的涨落，从而左右国际市场价格。而发展中国家政府间关系松散，经济落后，没有储备，往往还要以国民收入的很大一部分来偿还旧债和利息。因此，即使在价格很低的情况下，发展中国家也要赔着血本继续生产和销售，同时，这些国家还控制不了自己产品的销售，而是由纽约、东京、伦敦及巴黎等发达国家的经销商们层层剥削后获取微薄利润。所以，国际贸易条件也是朝着有利于发达国家的方向发展的。

迄今为止，对于发展中国家来说，充满敌意的自然生态环境和不合理的国际经济秩序仍然是约束这些国家经济增长的重要因素，是一个极其沉重的"十字架"。同时，发展中国家也为全人类的生存与发展付出了巨大的血的代价。因此，可持续发展认为对于发展中国家来说，发展是第一位的，是硬道理。只有发展，发展中国家才能为解决贫困、人口猛增、生态环境恶化、环境破坏和缩小与发达国家的差距提供必要的技术和资金，也才能逐步实现现代化，最终为摆脱贫穷、愚昧、落后和肮脏铺平道路。发展不仅是解决贫穷的金钥匙，同时也是帮助发展中国家摆脱人口、文盲、生态危机和不健康等一系列社会问题的必要手段和途径。

其次，可持续发展认为发展与环境保护之间存在着相互联系、相互制约、密不可分的关系，构成了一个有机的整体。可持续发展非常强调："为了实现可持续的发展，环境保护工作应是发展进程的一个整体组成部分，不能脱离这一进程来考虑。(《里约宣言》)"

可持续发展非常重视环境保护，始终认为发展与环境保护互为依托，相辅相成，是矛盾统一体的两个方面，但发展是第一位的，占据着主导地位，是矛盾的主要方面。这是因为发展是社会进步的基本前提，是人类社会文明的标志和社会实践的主要内容，而且环境保护又必须依赖于一定的经济基础。

离开了一定的发展前提和条件，环境的保护与改善就成了无源之水，无本之木。同时，环境状况的好坏，对发展又有很大的制约作用。如我国最大的城市、太平洋西岸的明珠——上海，有着一连串过去令人自豪的数据：在占全国0.06%的土地面积上生活着占全国1%的人口，在占全国不到1/20的工业固定资产上创造出占全国1/10的工业生产总值，上海港吞吐着占全国 1/3 的港口货物，每年为国家上交 1/7 的财政收入并向全国提供了一大批先进技术设备和一系列优质名牌产品，在中国的经济发展进程中起着举足轻重的作用。然而，在发展的同时，由于忽视了环境保护，使上海受到了环境问题的严重困扰，产生了一连串令人震惊的数字：每天排放 8.2 亿立方米的废气，800 吨烟尘，6180 余吨的生活垃圾，近 1000 万吨的工业和生活污水；使总长 577.5 千米长的黄浦江水系有 80% 不符合三级水体标准，臭水期甚至超过 150 天以上，并出现了频率占总降雨天数的 76% ~78% 的轻度酸雨；市区主要街道的噪声值达 75 分贝以上，最高峰值可达 90 分贝；市郊生产的 40% 的粮食、80% 的猪肉、24% 的水产、36% 的蔬菜的污染程度超过国家标准，每年由于环境污染所造成的损失已超过 100 亿元……

所有这一切不仅使上千万的上海市民的生活环境和健康受到了很大的威胁，同时也给上海——中国昔日的骄傲进一步发展带来了极大的阻碍。因此，可持续发展既把环境保护作为它极力追求实现的最基本的目的之一，同时也把为建设舒适、安全、清洁、优美、健康的环境作为实现发展的重要目标。

可持续发展又把环境建设作为实现发展的重要内容和途径，把环境看成为重要的资源。这就说明，人类赖以生活的大自然，都作为各种资源参与到了人类的物质资料生产的全过程中了。而物质资料的生产又是人类赖以生存和发展的社会实践，也是一切人类经济活动的出发点和归宿。从这一点出发，我们就很容易理解人类的生存和发展必须依赖于一定的环境并受其制约这一浅显而深刻的道理。同时，环境是资源就表明，自然环境是有价值的，人类再也不能像以往那样去无偿地使用它。

自然环境有它自己一整套的自然法则，它的自我调节能力有一定的极限，人类在利用自然环境的过程中，必须遵从生态谨慎原则，在自然环境允许的"阈"值内，合理地使用和利用它，这样才能创造出更大的价值。一旦谁损害了它，谁就必然要为此付出沉重的代价。同时，可持续发展认为环境资源作为一种潜在的生产力，在一定的科学技术、经济基础的条件下是有限的。因此，可持续发展把环境保护作为衡量发展质量、发展水平和发展程度的客观标准之一是历史的必然。因为可持续发展与传统的发展的理论和观点的重要区别之一，就在于与环境和资源的联系的紧密程度。

从现代的发展趋势和方向来看，真正的发展是越来越需要环境与资源的支撑。同时随着人类科学技术水平的迅速发展和人均消费水平的不断提高，必将伴随着环境与资源的急剧衰退，环境与资源能为发展提供的支撑能力却又越来越有限了。这种严酷的现实要求我们，越是在经济高速发展的情况下，环境与资源的作用就越发地显得重要，就越发要把环境保护工作放在重要的位置上。

因此，污染环境、破坏环境就是对自然资源和生产力的直接和间接的破坏，发展的速度、水平和程度必将被迫延缓甚至搁浅。从这个角度来看，环境保护成为了区分可持续发展和传统发展的分水岭和试金石。再次，可持续发展认为，在环境保护方面，不仅每个人都有不容剥夺的环境权利和生存发展的权利，即享有在发展中合理利用自然资源的权利和享有清洁、安全、舒适、健康的环境权利，其他在地球上生存的一切生物也应享有其生存和发展等一切必要的环境权利。

生物多样性是地球自然进化结出的美丽的花朵，对生态系统的稳定和环境健康状况起着至关重要的作用，而且这种作用在人类高速发展的今天就越发显得尤为重要。

生态学原理告诉我们，一个由众多生物物种组成的生态系统总比一个只有少数几个物种组成的简单生态系统，更能承受来自系统之外的环境因子和干扰或人类活动的干预，从而保持较好的稳定状态。例如，由于气候的变化、人为的干扰、某种害虫或病毒的入侵，对一个种类单一、生态格局简化的草地生态系统来说，可能会造成严重的，甚至是毁灭性的打击。

为了挽救草地资源，保证畜牧业的收成，人们将不得不被迫地使用有毒的农药，这就不可避免地污染了环境，而且这些有毒的农药必将伴随着食物链的作用参与到生态系统的物质循环过程并通过生物学放大作用（食物链的浓集效应）而进入人体，从而危害到人类自身的健康。然而，由于气候的变化、人为的干扰、某种害虫或病毒的入侵，对于一个物种丰富、结构复杂、体现了生存格局多样性的森林生态系统（特别是热带雨林）来说，由于系统内食物网结构错综复杂，对抗灾变的抵御能力较强，系统的有序化程度较高，通常不会产生毁灭性的后果。

自然生态系统中这些现象和事实的普遍存在，向人类暗示出一个深刻而浅显的道理：多样性导致稳定性。多样性导致稳定性这一自然界普遍存在的自然法则正是生态平衡论关于通过系统各子系统协同作用的非线性反馈，以实现系统自我调节控制机理的具体表现。

生物物种的多样性意味着生态系统结构复杂，网络化程度高，异质性强，能量、物质和信息输入及输出的渠道多、阻碍小，因而流量大、速度快、生产力高。在这样一种情况下，即使个别少数途径受阻甚至破坏，整个系统也会因多样性物种之间的相生相克、相互补偿和缓冲替代而保证能量、物质和信息在系统内的正常运转，并能够使系统结构被破坏的部分得到及时修复，从而恢复到原有的稳定态，或形成新的稳定态。

因此，人类在推进文明的进程中，必须尊重这一生态规律，对生存在地球上的其他物种绝不能持"沙文主义"态度。生物物种虽然是一种可再生性资源，但在人类利用这一宝贵的可再生性资源的同时，人类切记要把握好利用的"度"。倘若人类任意地减少生物物种的类别，随心所欲地捕杀某些稀有动、植物，并使之灭绝，这是人类最大的愚蠢。其结果必然是损坏生态系统的自我调节机制，打破系统相对的、动态的平衡，降低系统的稳定性和有序性，使系统以较高层次的耗散结构退化演变为较低层次的耗散结构。所有这些结果最终将严重损害人类自身的利益，关系到人类能否继续更好地在地球上生存和发展下去。

这是因为，无论人类改造自然、控制自然的能力有多大，取得了多么大的辉煌的胜利，人类终究是生态系统的一成员。人类只有一个地球，人类只能在地球这一界定的生态环境中生存、繁衍和发展。一旦生态系统彻底瓦解，大自然向无机世界转变，那么人类的末日也就为期不远了。从这一角度出发，人类不应该也没有任何理由毁灭生物多样性，破坏生态系统的稳定和有序。

1992 年 6 月在巴西由各国政府首脑签属的关于《生物多样性保护公约》可以说明，人类在这一点上已达到了空前的共识：其他生物与人类一样，都是自然界经过亿万年进化的产物，它们也应享有与人类平等的生存和发展权利，这种权利也应该得到人类的尊重和维护。可持续发展还特别强调环境权利和环境义务是相对的，对别人是一种权利，对自己则是一种义务，人们的环境权利和环境义务是平等的、统一的，它是不以任何一个国家和地区的人们的意识观念的不同和变化而转移的。

因此，环境权利和环境义务平等和统一的观点扩展到国际事务与交往的过程中，则变成国家环境资源主权与全球环境责任的平等和统一，即"根据联合国宪章和国际法原则，各国拥有按照其本国的环境与发展政策开发本国自然资源的主权权利，并负有确保在其管辖范围内或在其控制下的活动不致损害其他国家或在各国管辖范围以外地区的环境的责任"（《里约宣言》）。这就说明，作为决定着我们人类赖以生存和发展基石的环境保护，不是哪一个国家所独有的权利和义务，也不能只靠少数几个国家的努力就可以解决，而是全人类所共同拥有的权利和义务，要靠全世界所有国家的共同努力、协调一致方能解决。而过去那种在对待环境问题上画地为牢，采取不越雷池半步的各管各的态度，甚至是把环境问题转嫁给其他国家的做法，其结果是，在一些国家和地区环境问题日益缓和的同时，另一些国家和地区的环境问题日益尖锐。这主要是由地区经济发展的不平衡所造成的。经济实力较强的发达国家和地区有能力将更多的资金注入环境治理上来。

例如，工业国家为减少污染等同一性质的支出在20世纪70年代占国民总产值的2%~2.5%，这一数值在德国和日本已提高到5%，在美国提高到4%。而对于地处生态环境脆弱地段且易发生生态环境破坏的发展中国家和地区，则由于更重视生存和增长的需要且国力单薄，故在环境上的投资相形见绌。这样，全球性和地区性的环境问题与矛盾也就往往通过发达和不发达区域显示出来，最终将影响全人类。因此，要想解决全球性环境问题，就需要加强国际间的合作，尤其是工业化发达国家，它们是既成环境问题的主要肇事者，它们应拿出更多的资金和技术来帮助发展中国家解决环境问题，在拥有自己的环境权利的基础上，尽更多的环境义务。

可持续发展还认为人类要想长久地、更好地在地球这个有限的空间里继续生存和发展下去，必须严格地控制人口数量的增长，并且要相应地大力提高人口素质。

20 世纪 50 年代以来，人口增长过快及人口素质的相对低下就是一些国家有识之士所关注的问题。特别是近十几年来，随着"人类困境"和全球问题理论框架的确定，人口问题越来越成为世界舆论以及各国政府，特别是国际学术界争论的焦点之一。

地球究竟能养活多少人？这个问题涉及环境容量的概念。所谓环境容量，是指在无损于生物圈功能的健全和不耗尽非再生资源的情况下，保持长期稳定状态地球所能供养的世界人口数。它强调人口的环境容量是以不破坏生态系统的稳定、有序和保证资源的永续利用为前提。因此，这一概念指的不是地球所能承受的最大人口负载量，而是适宜的人口负载量。从人类生态学的观点看，人口过度增长会造成生态金字塔变形，使生态系统能流、物流、信息流不畅通，生态网络破损，物种大量减少，食物链结构瓦解，生物格局趋于简化，生态系统的动态平衡被打乱，生态系统的稳定性、有序性、代谢功能都逆向演变，人与自然的矛盾激化，自然与社会的关系失调，致使自然灾害频繁，问题接踵不断。

人口增长过快过多所产生的后果中，首当其冲的是食物紧缺，这是最容易被一般人所能理解的。但人口过度增长还会给经济发展造成更大的潜在的压力，诸如造成资源短缺、人均资源拥有量下降，从而加剧通货膨胀，使待业人数的增长超过社会所能提供的就业岗位的增长，从而导致失业（或待业）人数增长。可以断言，在人口增长超过经济增长的地方，人们的生活水平绝对不会提高，反而要下降。

人口过度增长对人类自身和社会的影响也是消极的，甚至是带有破坏性的：它不利于普及文化教育和改善卫生条件以及提高全社会的福利待遇及住房水准，从各个方面加剧了社会的竞争，使人们从孩提时代一开始就伴随着巨大的精神压力和心理紧张感。人口过度增长对于发展中国家来说破坏性更大。为此，这些发展中国家不得不被迫拿出更多的资金来用于发展经济和维持国民的基本生活条件，甚至放弃普及义务教育的目标，而用于全民福利、卫生、住房、文化、教育的资金则少得可怜。这样，国民的整体素质普遍下降，从而进一步使计划生育措施成效不高和人口的再度膨胀，又直接影响到了家庭一级的经济状况，使所有家庭成员的健康水平都普遍下降。这样低素质、高数量的人口反过来又加剧了社会的竞争，给这些发展中国家的经济发展压上了沉重的"负担"。这是一个恶性循环。

客观形势的严重性还在于，在人口不断增长的同时，也发生了个人消费和需要的"爆炸"。传统的生产和消费模式是：高投入—高消费—高污染。这就说明，人们对产品、服务和福利的需要胃口越来越大，这必将不可避免地给生态环境造成越来越沉重的压力和冲击，导致对各种资源毫不约束的过度开发，从而对生态环境造成有意或无意的破坏。

事实表明，发展水平越低的国家，随着人口的增长，人口素质也就越低，人均资源拥有量、消耗量和资源的利用率也就越低，污染越高，环境质量日益下降，人们只能从事简单的维生经济类型的活动。这样现代化进程非但不能前进，反而有可能向逆向方向发展。例如1983年非洲经济委员会对非洲前途所作的评价是："历史趋势的发展犹如一场恶梦，……潜在的人口爆炸对该地区的物质资源，诸如土地产生了巨大的影响，……各国经济状况将使人的尊严蒙受伤害。农村人口将面临土地不足的近于灾难性的局面，每一家不得不仅靠更少的土地维护生存。"世界银行的一份报告认为这个委员会的这一评价是"生动而且符合实际的"。

因此，可持续发展认为为实现人类美好的未来，人类必然严格控制人口数量并全面提高人口质量，同时还呼吁人们彻底放弃"高投入—高消费—高污染"的传统生产方式和消费方式。可持续发展还认为目前摆在世界各国面前的一个极为重要的共同的任务，就是要坚决、及时、彻底地改变传统发展的模式，即首先减少和消除不能使发展持续下去的生产方式和消费方式。"地球所面临的最严重的问题之一，就是不适当的消费和生产模式，导致环境恶化，贫困加剧和各国的发展失衡。若想达到适当的发展，需要提高生产的效率，以及改变消费，以最高限度地利用资源和最低限度地生产废弃物（《21世纪议程》）。"

可持续发展的理论和思想中最基本的实质就是：一方面要求人类在与自然环境相互作用和人类生产活动中，要在自然资源开发利用的限度内，尽可能地少投入、多产出；另一方面要求人类在消费时尽可能地多利用，再利用、少排放。只有这样，才可能在人类诀别传统发展模式、实施可持续发展战略的今天，彻底纠正过去那种只有单纯依靠增加投入、加大消耗，甚至以牺牲环境和子孙后代所拥有的资源为代价来增加产出的错误做法，从而使发展尽可能更少地依赖地球上有限的资源，使人类的活动尽可能更多地与地球所能承受的负载能力达到有机的协调和统一。可持续发展的最终目标就是使人类在地球这颗小小的行星上生存得更美好、更长久。

持续发展要求人类今后的决策要更有准确性和长远性，在此基础上大力加快环境保护新技术的研制和普及，并全面提高公众的环境意识。如果说人类今天遇到的种种困难皆起因于昨天的失误和错误，那么今天的错误将会随着人类改造自然能力的不断加强而加重明天的困难。未来世界的面貌不是未来人作出的选择，而是现代人的决策及其实施的结果。现代人的决策失误或错误所造成的艰难局面，将是未来人被迫接受的一种现实。

从人类生态学的角度看，所谓决策就是决策者在价值、功利的基础上，运用智慧对目标以及对实现目标所必要的方案作尽可能优化的选择。它的方向是指向未来的，而且必须应当是在充分认识和把握客观规律并有足够的能力的前提下进行（这种选择并不完全排斥决策者意志因素的作用）。所谓价值，就是从人类的立场、角度和功利出发提出来的问题，它表明了主体与客体之间的一种关系，因此价值在决策的过程中是起着决定性作用的。

人类生态的决策既然是指向未来的，那么它就要以价值为媒介，通过提供一个多样性的价值体系对决策产生渗透作用，从人类生态系统的整体功能和生态平衡理论出发，在推进人类文明的进程中，摆正好整体与局部的关系，将长远利益与近期利益、生态效益和经济效益、物质增长与资源的永续利用、保护和改变环境与创造物质财富、未来人的幸福与当代人的需求、人的心理需要与生理需要、技术手段的使用与道德资源的开发等有机地联系和统一起来。只有价值观念的多样性才能导致决策的科学性，从而形成自然的稳定性、有序性以及人类文明进程的持续性。

可持续发展还认为，要彻底解决困绕着人类生存和发展的生态破坏、环境危机的根本出路在于科学技术，而改变传统的生产方式和消费方式就必须加强教育以提高全民人口素质和大力发展科学技术。因为只有高素质的人才能使大量先进的生产技术的研制、普及和应用得到充分的发挥，才能使单位生产量的能耗、物耗大幅度地降低，才能不断地去开拓、利用新的能源和新的资源，也才能实现既减少投入又能增加产出的理想的可持续发展模式，才能最终彻底放弃"高投入—高消费—高污染"的传统发展模式，进而使发展越来越减少对有限的资源和能源的依赖性，从而减轻对环境的各种压力，使人类自身的发展和环境的发展达到同步、协调统一和持久。

最后，可持续发展还非常强调并呼吁人类必须彻底改变对自然界的态度，彻底放弃人是自然界的"主宰者"这样的传统观念，即人类总是习惯于从功利主义的观点出发，只要对人类是需要的就可以随心所欲地开发利用，而从不管自然界会作出什么样的反应。人类应当树立起一种全新的现代文化观念，真正地回到自然中去，要把自己仅仅当作是自然界大家庭中的一个普通成员，与生存在这个大家庭中的其他成员和睦相处，对体现人与自然相互关系的生态规律给予高度的重视。在发展技术文明和物质文明的同时，必须运用大自然赋予给人类高度的智慧对地球生物圈的生态状况予以积极的调节，将这个人类赖以生存、繁衍和发展的唯一的地球，完好无缺地交给一代又一代的子孙们，从而真正建立起人与自然和谐相处的崭新观念。

"为了在解决全球问题中成功地取得进步，我们需要发展新的思想方法，建立新的道德和价值标准，当然也包括建立新的行为方式。"（《我们共同的未来》）为此，要进行一场艰巨而持久的文化性质的革命，使环境教育"重新定向，以适合持续发展，增加公众意识并推广培训"（《21世纪议程》）。

综上所述，人是自然的产物，人类的前途和命运取决于人同自然界和谐相处的程度。人类有能力，也有责任按照自然规律自觉地调节人类与自然界的关系，保护自然界的和谐，使地球这个小小的行星永远地、有生机地存在下去。人的未来依赖于人与自然的协调发展。

城市生态概述

生态系统

生态学

和各种科学一样，生态学的发展在有历史记载以来，有一个逐渐的、间歇的过程。"生态学"这一名词是近代才创造的，是 1869 年由德国生物学家海克尔首先提出的。大约从 1900 年开始，生态学被公认为生物学的一个独立的领域，而仅在最近的几十年，"生态学"才成为一个普通的词汇。今天，每个人都深刻认识到环境科学对于创造和保持高度的人类文明是必不可少的工具。因此，生态学迅速发展成为和人们每天生活都有着最密切联系的一门科学分支。

生态学原是一门研究生物与其生活环境相互关系的科学，是生物学的主要分科之一。初期偏重于植物，后来逐渐涉及动物，因而有植物生态学和动物生态学之分。近来，由于人类环境问题和环境科学的发展，生态学扩展到人类生活和社会形态等方面，把人类这一个生物种也列入生态系统中，来研究并阐明整个生物圈内生态系统的相互关系问题，这样便形成了人类生态学，形成了这一领域更广泛、内容更丰富的科学。同时，现代科学技术的新成就也已经渗透到生态学的领域中，赋予它新的内容和动力，成为多学科的、当代较活跃的科学领域之一。

生态系统

例如，系统工程学与生态学结合，形成的系统生态学，属于生态学领域中方法论的发展，核心是从整体出发考虑问题。尤其是大系统的兴起，正在受到人们的普遍注意；这类系统的性能如有所改善，预期经济效益将是非常大的。又如生态学与数学结合，产生的数学生态学，不仅给认识和阐明各种复杂的生态系统提供了有效的工具（如系统分析、建立数学模型等等），而且数学的抽象概念及推导方法，将对未来的生态学起显著作用。

此外，计算科学和计算技术的应用，有可能帮助人们进一步认识和解释生态系统中的复杂现象，并从中找出规律。近年来，数学模型已逐渐在害虫控制、益虫利用、鱼群捕捞、森林管理、牧场改良中得到应用，提供了一系列最优管理策略和预测方法。当它与化学生态学和物理生态学所提供的生态信息相结合，就可获得最好的生态效益。毫无疑问，数学生态学迅速发展，必将导致生态学新理论、新方法的出现，使人类在了解自然、利用自然和改造自然的斗争中，更加主动。

其他生态学分支的形成，也将会在人类社会的发展中产生积极作用。

特别是综合运用生态学各分支的成就，使得经济效益、社会效益、生态效益相结合。这种结合为协调高速度经济发展与环境保护之间的关系指明了方向。

由上可见，传统的生态学定义已不能概括当今生态学的丰富内容了。现代生态学应该是一门多学科的自然科学，它研究生命系统与环境系统之间相互作用的规律及机理。所谓生命系统，就是自然界具有一定结构和调节功能的生命单元，如动物、植物、微生物。所谓环境系统，就是自然界的光、热、空气、水分以及各种有机物和无机元素相互作用所共同构成的空间。现代生态学的这种解释，对生态科学本身也提出了更高的目标。

概括起来，生态学的发展进程中，有三个主要特点：

（1）从定性探索生物与环境的相互作用，到定量研究。

（2）从个体生态系统到复合生态系统，由单一到综合，由静态到动态地认识自然界的物质循环与转化规律。

（3）与基础科学、应用科学相结合，发展了生态学，扩大了生态学的领域。

综上所述，生态学和环境科学显然有很多共同的地方，他们所研究的问题基本上是相近的，只不过生态学是以一般生物为对象，着重研究自然环境因素与生物的相互关系，单纯属于自然科学的范畴。环境科学则以人类为主要对象，把环境与人类生活的相互影响作为一个整体来研究，从而和社会科学发生十分密切的联系。

因此，生态学的许多基本原理同样也可以用于环境科学中，作为基础理论而联系到人类独特的主观能动性和复杂的社会关系，来研究和解决人类生活与环境问题。

生物圈

地球上自有生物出现以来，它的发展便进入了新的更高级阶段，这是因为生物在地球的物质循环和能量交换的过程中起了特殊重要的作用。

生物圈的概念是由奥地利地质学家休斯在 1875 年首次提出的，直到 1962 年苏联的地球化学家维尔纳茨基所做的"生物圈"报告之后，才引起

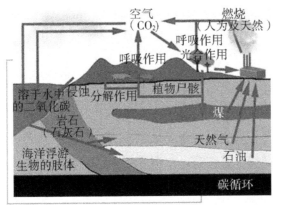

空气（CO₂）
燃烧（人为及天然）
呼吸作用
光合作用
呼吸作用
植物尸骸
溶于水中侵蚀的二氧化碳
分解作用
煤
岩石（石灰石）
天然气
海洋浮游生物的肢体
石油
碳循环

生物圈

人们的注意。现代对生物圈的理解仍是当时维尔纳茨基的概念。生物圈是指地球上有生命活动的领域及其居住环境的整体。

生物圈由大气圈下层、水圈、土壤岩石圈以及活动于其中的生物组成，其范围包括从地球表面向上23千米的高空，向下12千米的深处（太平洋中最深的海槽）。在地表上下100米左右的范围内是生物最集中、最活跃的地方。

生物圈的形成是生物界和水圈、大气圈及土壤岩石圈长期相互作用的结果。作为地球一个外套的生物圈，它之所以存在，是因为具备了下列3个条件：①可以获得来自于太阳的充足光能。一切生命活动都需要能量，这些能量的基本来源是光能，绿色植物通过光合作用产生有机物而进入生物循环。②有可被生物利用的大量液态水，几乎所有的生物体都含有大量的水分，没有水就没有生命。③生物圈内有适宜生命活动的温度条件，在此温度变化范围内的物质存在着气态、固态、液态三种物态变化，这也是生命活动的必要条件。

生物圈内提供了生命物质所需要的营养物质，包括氧气、二氧化碳以及氮、碳、钾、钙、铁、硫等矿物质营养元素，它们是生命物质的组成，并参加到各种生理过程中去。以上都是生物圈内存在的生物生存所必需的环境条件。此外，还有许多环境条件（例如风、水的含盐浓度等），虽然不一定是各种生物生存的必要条件，但也对生物产生影响作用，所有这些环境条件可总称为生态条件。

在最适宜的条件下，生物的生命活动促进了物质的循环和能量的流通，并引起生物的生命活动发生种种变化。同时，生物要从环境中取得必要的能量和物质，就得适应环境；环境因生物的活动发生了变化，又反过来推动生物的适应性。生物与生态条件这种交互作用促进了整个生物界持续不断的变化。

综上所述，在地球上有生命存在的地方均属生物圈。构成生物圈的生物，包括人类在内的所有动物、植物和微生物不断地与环境进行物质和能量的交换。从地球上各种生命的历史来说，人类的生命史是比较短暂的，在人类出现农业生产以前，人类活动对生物圈的影响是微不足道的。自从有了工农业生产以后，人类开始利用大自然，并对自然环境不断产生影响。因此，人类与生物圈的相互关系问题的研究，已越来越引起人们的关注。

生态系统的概念及组成

1. 生态系统的概念

在自然界，生物的存在与环境（主要指阳光、温度、水分、空气、土壤等，也包括其他生物）发生着密切的关系。生物在其生活过程中，总要从环境中取得生活所必需的能量与物质以建造自身，同时，也要不断地排出某些物质归还到环境中去。

例如，绿色植物利用阳光把二氧化碳、水和矿物质营养元素合成有机物质建造自身，同时也为草食动物提供食物。草食动物又成为肉食动物的食物来源。这些动植物的残体和排泄物又可以使土壤微生物得到其生命活动所需要的物质和能量。绿色植物通过光合作用可以释放氧气，动植物和微生物的呼吸作用又产生二氧化碳、水和简单的营养物质，这些气体和营养物质又可回归于环境。在自然界中生物与生物、生物与环境存在着广泛的联系，它们之间通过不断地进行能量转换、物质循环和信息传递，使它们构成一个有机整体。

生态系统是指一定地域（或空间）内生存的所有生物和环境相互作用的，具有能量转换、物质循环代谢和信息传递功能的统一体。例如，森林就是一个具有统一功能的综合体。在森林中，有乔木、灌木、草本植物、地被植物，还有多种多样的动物和微生物，加上阳光、空气、温度等自然条件，它们之间相互作用。这样由许多的物种（生物群落）和环境组成的森林就是一个实实在在的生态系统。草原、湖泊、农田等都是这样。

"生态系统"这一概念是由英国植物群落学家坦斯利首先提出的，其基本点在于强调系统中各成员之间（生物与生物、生物与环境及环境各要素之间）功能上的统一性。因此，生态系统主要是功能单位，而不是生物学中分类的单位。

生态系统的范围可大可小，大至整个生物圈、整个海洋、整个大陆，小至一个池塘、一片农田，都可作为一个独立的系统或作为一个子系统。任何一个子系统都可以和周围环境组成一个更大的系统，成为较高一级系统的组成部分。

2. 生态系统的组成

任何一个生态系统，都由生物和非生物环境两大部分组成。生物部分按照营养方式和在系统中所起的作用不同，又可分为生产者、消费者和分解者，这三者构成生物群落。因此，一个生态系统应包括生产者、消费者、分解者以及非生物环境等4类成分。

小鸟吃蚜蝇和蜘蛛

猫吃蓝山雀鹰和鹑之类的鸟

食蚜蝇的幼虫吃蚜虫

雀鹰吃小鸟

燕子吃蚜虫等昆虫

蚜虫吃植物

蜘蛛吃蚜虫，又被鸟吃

植物是动物和真菌等分解者的食物

獾吃植物和鼹鼠、甲虫及蠕虫之类的小动物

鹑吃蜗牛

真菌和细菌以植物为食

鼹鼠吃昆虫

蜗牛吃植物

蚯蚓吃死了的动植物

甲虫吃蚯蚓

生态系统组成

（1）生产者

生产者主要是指能制造有机物质的绿色植物和少数自养生活菌类。绿色植物在阳光的作用下可以进行光合作用，将无机环境中的二氧化碳、水和矿物元素合成有机物质；在合成有机物质的同时，把太阳能转变成为化学能并贮存在有机物质中。

这些有机物质是生态系统中其他生物生命活动的食物和能源。生产者是生态系统中营养结构的基础。决定着生态系统中生产力的高低，是生态系统中最主要的组成部分。

（2）消费者

消费者是指直接或间接利用绿色植物所制造的有机物质作为食物和能源的异养生物，主要是指各种动物，包括人类本身，也包括寄生和腐生的细菌类。根据食性的不同或取食的先后可分为草食动物、肉食动物、寄生动物、食腐动物和食渣动物。按照其营养的不同，可分为不同的营养级，直接以植物为食的动物称为草食动物，是初级消费者，如牛、羊、马、兔子等；以草食动物为食的动物称为肉食动物，是二级消费者，如黄鼠狼、狐狸等；而肉食动物之间又是弱肉强食，由此还可以分为三级、四级消费者。许多动植物都是人的取食对象，因此，人是最高级的消费者。

（3）分解者

分解者又称还原者，主要指微生物，也包括某些以有机碎屑为食物的动物（如蚯蚓）和腐食动物。它们以动植物的残体和排泄物中的有机物质作为生命活动的食物和能源，并把复杂的有机物分解为简单的无机物归还给无机环境，重新加入到生态系统的能量和物质流中去。分解者对环境的净化起着十分重要的作用。

（4）非生物环境

非生物环境包括碳、氢、氧、无机盐类等无机物质和太阳辐射、空气、温度、水分、土壤等自然因素。它们为生物的生存提供了必须的空间、物质和能量等条件，是生态系统能够正常运转的物质、能量基础。

生态系统的类型与特征

生态系统是一个很广泛的概念，可以适用于各种大小的生态群落及其环境。怎样划分生态系统的类型，目前尚无统一的和完整的分类原则。根据生态系统形成的原动力和影响力，可分为自然生态系统、半自然生态系统和人工生态系统3类。

自然生态系统是依靠生物和环境自身的调节能力来维持相对稳定的生态系统，如原始森林等。人工生态系统是受人类活动强烈干预的生态系统，如城市、工厂等。介于两者之间的生态系统，为半自然生态系统，如天然放牧的草原、人工森林、农田、湖泊等。生态系统的类型还可以根据环境性质加以分类，可划分为陆地生态系统和水生生态系统。

由于地球表面生态环境极为复杂，具有不同的地形、地貌和气候等，因而形成了各种各样的生态环境。根据植被类型和地貌的不同，陆地生态系统又可分为森林生态系统、草原生态系统、荒漠生态系统等。

水生生态系统按水体理化性质不同可以分为淡水生态系统和海洋生态系统。生态系统具有如下一些基本特征：

（1）开放性生态系统是一个不断同外界环境进行物质和能量交换的开放系统。在生态系统中，能量是单向流动，即从绿色植物接收太阳光开始，到生产者、消费者、分解者以各种形式的热能消耗、散失为止，不能再被利用形成循环。维持生命活动所需的各种物质，如碳、氧、氮、磷等元素，以矿物形式先进入植物体内，然后以有机物的形式从一个营养级传递到另一个营养级，最后有机物经微生物分解为矿物元素而重新释放到环境中并被生物再次循环利用。生态系统的有序性和特定功能的产生，是与这种开放性分不开的。

（2）运动性生态系统是一个有机统一体，总是处于不断运动之中。在相互适应调节状态下，生态系统呈现出一种有节奏的相对稳定状态，并对外界环境条件的变化表现出一定的弹性。这种稳定状态，即是生态的平衡。在相对稳定阶段，生态系统中的运动（能量流动和物质循环）对其性质不会发生影响。因此，所谓平衡实际是动态平衡，也就是这种随着时间的推移和条件的变化而呈现出的一种富有弹性的相对稳定的运动过程。

（3）自我调节性生态系统作为一个有机的整体，在不断与外界进行能量和物质交换过程中，通过自身的运动而不断调整其内在的组成和结构，并表现出一种自我调节的能力，以不断增强对外界条件变化的适应性、忍耐性而维持系统的动态平衡。当外界条件变化太大或系统内部结构发生严重破损时，生态系统的这种自我调节功能才会下降或丧失，以致造成生态平衡的破坏。当前，环境问题的严重性就在于破坏了全球或区域生态系统的这种自我适应、自我调节功能。

（4）相关性与演化性。任何一个生态系统，虽然有自身的结构和功能，但又同周围的其他生态系统有着广泛的联系和交流，很难截然分开，由此表现出一种系统间的相关性。对于一个具体的生态系统而言，总是随着一定的内外条件的变化而不断地自我更新、发展和演化，表现出一种产生、发展、消亡的历史过程，呈现出一定的周期性。

生态系统的功能

生态系统中的能量流动

1. 能量流动的规律

能量流动是生态系统的最主要功能之一。没有能量流动，就没有生命、没有生态系统。能量是生态系统的动力，是一切生命活动的基础。地球上所有生态系统最初的能量，来源于太阳。

太阳光能辐射到地球表面被绿色植物吸收和固定，将光能转变为化学能，这个过程就是光合作用。在光合作用过程中，绿色植物在光能的作用下，吸收二氧化碳和水，合成碳水化合物；同时，也把吸收的光能固定在光合产物分子的化学键上。贮藏起来的化学能，一方面满足植物自身生理活动的需要，另一方面也供给其他异养生物生命活动的需要。太阳光能通过绿色植物的光合作用进入生态系统，并作为高效的化学能，沿着生态系统中的生产者、消费者、分解者流动。这种生物与环境之间、生物与生物之间的能量传递和转换过程，就是生态系统的能量流动过程。

生态系统中的能量流动和转换，是服从于热力学第一、第二定律的。热力学第一定律就是能量守恒定律，即在自然界发生的所有现象中，能量既不能消灭也不能凭空产生，只能以严格的当量比例，由一种形式转变为

绿色植物

另一种形式。例如，当绿色植物吸收光能后，可将光能转化为化学能，而当绿色植物被草食动物采食后，又可将化学能转化为机械能或其他形式的能量，在转换过程中尽管有热量的耗散，但其总量是不变的。

根据热力学第二定律，即一切过程都伴随着能量的改变，在能量的传递和转换过程中，除了一部分可以继续传递和做功的能量（自由能）外，总有一部分不能继续传递和做功，而以热的形式消散，这部分能量使熵和无序性增加。在生态系统中当能量从一种形式转换为另一种形式的时候，转换效率绝不能是100%。这是因为：

①绿色植物在自然条件下，光能利用率很低，仅有1%左右。然而，绿色植物所获得的能量，也根本不可能被草食动物全部利用，因为它的根、茎杆和果壳中的坚硬部分以及枯枝落叶都是不能被草食动物全部利用的。

②即使在已经采食的食物中，也有一部分不能消化，作为粪便排出体外。由于这一系列原因，草食动物利用的能量，一般仅仅等于绿色植物所含总量的5%~20%。同样的道理，肉食动物所利用的能量，也要小于草食动物的能量。

不难看出，生态系统中的能量流动，具有2个显著的特点：

（1）能量在生态系统中的流动，是沿着生产者和各级消费者的顺序逐级被减少的。能量在流动过程中，一部分用于维持新陈代谢活动而被消耗，同时在呼吸中以热的形式散发到环境中去；只有一小部分做功，用于合成新的组织或作为潜能贮存起来。因此在生态系统中能量的传递效率是很低的。所以，能流也就愈流愈细。

一般来说，能量沿着绿色植物→草食动物→一级肉食动物→二级肉食动物逐级流动。通常，后者所获得的能量大体上等于前者所含能量的十分之一，称为"十分之一定律"。这种层层递减是生态系统中能量流动的一个显著特点。

（2）能量流动是单一方向的。这是因为，能量以光能的状态进入生态系统后，就不能再以光能的形式，而是以热能的形式逸散于环境之中；被绿色植物截取的光能，绝不可能再返回到太阳中去；同样，草食动物从绿色植物所获得的能量，也绝不能再返回绿色植物，所以，能量流动是单程的，只能一次流过生态系统，因而是非循环的，能量在生态系统中的流动是不可逆的。

2. 能量流动的渠道

生态系统中能量的流动，是借助于"食物链"和"食物网"来实现的。食物链和食物网便是生态系统中能量流动的渠道。

（1）食物链

在我国有这样一句话"大鱼吃小鱼，小鱼吃虾米，虾米吃河泥"，这就是食与被食的链索关系。在生态系统中，生产者、消费者和分解者之间存在着一系列食与被食的关系。绿色植物制造的有机物质可以被草食动物所食，草食动物可以被肉食动物所食，小型肉食动物又可被大型肉食动物所食。这种以食物营养为中心的生物之间食与被食的链索关系称为食物链。食物链上的每一个环节，称为一个"营养级"。

在生态系统中，能量是通过生物成分之间的食物关系，在食物链上从一个营养级到下一个营养级不断地逐级向前流动的。不同的生态系统，食物链长短会有所不同，因而营养级数目也不一样。例如，海洋生态系统食物链较长，营养级数目可达6~7级；陆地生态系统的营

食物链

养级数目最多不超过5级。人类干预下的草原生态系统和农田一般只有2~3级，如青草—家畜—人；谷类作物—家畜（禽）—人；谷类作物—人。植物保护，防止病虫害，都是依据食物链的理论。掌握了生物体之间的营养关系，注意量的调节，对保护动、植物资源有着重要意义。

（2）食物网

生态系统中的食物链往往不是单一的，而是由许多食物链错综复杂地交错在一起。例如，不仅家畜采食牧草，野鼠、野兔也吃牧草，同一种植物可以被不同的动物消费掉；另外，同一种动物，也可以取食不同种食物。例如沙狐既吃野兔，又吃野鼠，还吃鸟类。还有些动物，像棕熊既吃动物，又吃植物。所以，在生态系统中，各种生物之间通过取食关系存在着错综复杂的联系，这就使生态系统内多条食物链相互交结、互相联系，形成网络，被称为食物网。

食物网

食物网使生态系统中各种生物成分有着直接的或间接的联系，因而增加了生态系统的稳定性。食物网中的某一条食物链发生了障碍，可以通过其他食物链来进行调节和补偿。例如，草原上的野鼠，由于流行鼠疫而大量死亡，原来以捕鼠为食的猫头鹰并不因鼠类减少而发生食物危机。这是因为鼠类减少后，草类就会大量繁茂起来，草类可以给野兔的生长繁育提供良好的环境，野兔的数量开始增多，猫头鹰则把捕食的目标转移到野兔身上了。

食物网是生态系统中普遍而又复杂的现象，从本质上反映了生物之间的捕食关系，它是生态系统中的营养结构，又是能量流动的主要渠道。

（3）生态金字塔

人们在研究生态系统的食物链和食物网的结构时，把每个营养级有机体的个体数量、能量及生物量，按照营养级的顺序排列起来，绘制成图，竟然和埃及金字塔的形状相似。于是人们便把这种图形称为"生态金字塔"。

食物链和食物网的结构之所以呈"金字塔"形，是由生态系统中能量流动的客观规律决定的。如前所述，生态系统中的能量流动，沿着营养级逐级上升，能量愈来愈少，这就导致前一个级的能量只够满足后一个营养级少数生物需要。营养级愈高，生物的数量必然愈少。被食者的生物量，要比捕食者的生物量大得多。例如，在一个池塘中，要有1000千克浮游植物才能维持100千克浮游动物的生活；而100千克的浮游动物才能供10千克鱼的食料。可见，无论是从生物量看，还是从能量看，以及从生物的个体数目看，它们都是呈金字塔形向上递减的，这是生态系统营养结构的特点。生态金字塔有三种类型：

①数量金字塔表示各营养级之间在一定的时间和空间内生物的数量关系，用生物的个体数目来表示。

②生物量金字塔表示各营养级之间生物的重量关系，用千克/年表示。

③能量金字塔表示各营养级之间能量的配置关系，用千焦/米·年表示。

上述三种类型中，数量金字塔没有反映在同一营养级上，有机体体积大小因种类不同而产生悬殊的差异。例如，老鼠体积明显与大象不同。在某些情况下，如成千上万的昆虫以一株或几株树为生时，就会出现倒置的数量金字塔。生物量金字塔与数目金字塔相比较，较少发生倒置，但在某些水生生态系统中，由于生产者（浮游植物）的个体很小，所以生活史很短。

因此，根据某一时调查的现存生物量，常低于较高营养级的生物量，使生物量金字塔也出现了倒置。所以，以个体数目或生物量作为计量的共同尺度，显然有它的欠缺之处。能量金字塔则始终能保持金字塔形，能量金字塔可在不同的生态系统或不同营养级之间用同一能量单位——焦耳为单位加以对比，是表示生态系统营养结构和能流效率的好方法。

生态系统中的物质循环

在生态系统中，生物为了生存不仅需要能量，也需要物质。物质是化

81

学能量的运载工具，又是有机体维持生命活动所进行的生物化学过程的结构基础。假如没有物质作为能量的载体，能量就会自由散失，不能沿着食物链转移；假如没有物质满足有机体生长发育的需要，生命就会停止。

生物有机体维持生命所必须的化学元素有 40 多种，其中氧、碳、氢、氮被称为基本元素，占全部原生质的 97% 以上，是生物大量需要的；钙、镁、磷、钾、硫、钠等被称为大量营养元素，生物需要量相对较多；铜、锌、硼、锰、钴、铁等被称为微量营养元素，在生命过程中需要量虽然很少，但却是不可缺少的。所有这些化学元素，不论生物体需要量是多是少，都是保证生命活动正常进行所必需的，是同等重要、不可代替的。

生物从大气圈、水圈、土壤岩石圈获得这些营养物质，而这些营养物质在生态系统中都是沿着周围环境→生物体→周围环境的途径做反复运动。这种循环过程又称为生物地球化学循环，简称生物地化循环。根据物质循环路线和周期长短的不同，可将循环分为生物小循环和地球化学大循环。

在一定地域内，生物与周围环境（气、水、土）之间进行的物质周期性循环，称为生物小循环，主要是通过生物对营养元素的吸收、留存和归还来实现。其特点是，在一个具体的范围内进行，以生物为主体与环境之间进行迅速的交换，流速快、周期短。生物小循环为开放式循环，受地球化学大循环所制约。

地球化学大循环，是指环境中的元素经生物吸收进入有机体，然后以排泄物和残体等形式返回环境，进入大气圈、水圈、土壤岩石圈及生物圈的循环，形成地化大循环的动力有地质、气象和生物三个方面。地化大循环与生物小循环相比较，有范围大、周期长、影响面广等特点。生物小循环和地化大循环相互联系、相互制约。小循环置于大循环之中，大循环不能离开小循环，两者相辅相成，在矛盾的统一体中构成生物地球化学循环。

生物地球化学循环是地球表面自然界物质运动的一种形式，有了这种物质的循环运动，资源才能更新，生命才能维持，系统才能发展。例如生物在不停的呼吸过程中，每天都要消耗大量的氧气，可是空气中氧的含量并没有明显的改变；动物每年都要排泄大量的粪便，动植物死后的残体也要遗留地面，经过漫长的岁月后，这些粪便、残体并未堆积如山。正是由于生态系统中存在着永久不断的物质循环，人类才能有良好的生存环境。

下面将分别简述水、碳、氮和磷四种循环。氧与氢结合成水，又和碳合成二氧化碳，已包括在水和碳的循环中，故不再另述。

（1）水循环

照射地球表面的太阳能除了很少一部分供植物光合作用的需要外，约有1/4用于蒸发水分，从而引起了生物圈中水的循环。水分不仅能从水面和陆地表层蒸发，而且也可通过植物叶面的蒸发作用而进入大气中。大气中的水遇冷则凝结成雨雪等降水，又落回地表。地球表面约70%为海洋，而且海洋水面蒸发的水比凝降返回的多，陆地上的情况恰恰相反。

因此，陆地的水一部分流经河川重返海洋；一部分渗入土壤或松散的岩层中，除被植物部分吸收外，其余均成为地下水，最后也经缓慢移动流回海洋。水分虽然也会通过动物身体循环，但流量甚少。

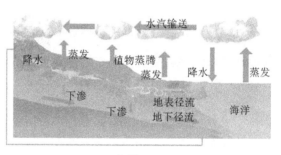

水循环

一切物体中的有机物质大部分是由水组成的，地面水体又是人类从事生产和生活所不可缺少的，所以任何一个生态系统都离不开水；同时水循环为生态系统中物质和能量的交换提供了基础。此外，水循环还起着调节气候、清洗大气和净化环境的作用。

（2）碳循环

碳也是构成生物体的主要元素，它以二氧化碳的形式贮存于大气中。植物借光合作用吸收空气中的二氧化碳制成糖类等有机物质而释放出氧气，供动物呼吸作用。

同时，植物和动物又通过呼吸作用吸入氧气而放出二氧化碳重返空气中。此外，动物的遗体经微生物分解破坏，最后也氧化变成二氧化碳、水和其他无机盐类。矿物燃料如煤、石油、天然气等也是地质史上生物遗体所形成的。当它们被人类燃烧时，耗去空气中的氧而释放出二氧化碳。最后，空气中的二氧化碳有很大一部分为海水所吸收，逐渐转变为碳酸盐沉积海底，形成新岩石；或通过水生生物的贝壳和骨骼移到陆地。这些碳酸盐又从空气中吸收二氧化碳成为碳酸氢盐而溶于水中，最后也归入海洋。其他如火山爆发和森林大火等自然现象也会使碳元素变成二氧化碳回到大气中。

由于工业的高速发展，人类大量耗用化石燃料，使空气中二氧化碳的浓度不断增加，对世界的气候发生影响，对人类造成危害。

（3）氮循环

氮也是构成生物体有机物质的重要元素之一，而且它在环境问题中都有重要的作用。人类食物中缺乏蛋白质时会引起营养不良，使体力和智力均受到危害。氮制造的合成化学肥料，在施用时也可能引起水体污染。此外，氮在燃烧过程中被氧化成氮氧化物，能造成大气中光化学烟雾的严重污染。

大气中含有大量的氮（约占79%），但不能为植物或动物所直接利用。只有像苜蓿、大豆等豆科植物的根瘤菌这一类固氮细菌或某些蓝绿藻，才能将空气中的氮转变为硝酸盐固定下来。植物从土壤中吸取硝酸盐和铵盐等，并在体内制成各种氨基酸，然后再合成各种蛋白质。动物借食用植物而取得氮，动植物死亡后，身体中的蛋白质被微生物分解成硝酸盐或铵盐而返回土壤中，供植物吸收利用。土壤中一部分硝酸盐在反硝化细菌的作用下转变成分子氮回到大气中。化学肥料的生产和使用也能将空气中氮变成铵盐而贮存于土壤中。火山喷发时也会有氮气进入大气。

（4）磷循环

磷是维持生命所必需的另一重要元素。生物在新陈代谢过程中都需要磷。人类大量应用磷类洗涤剂和磷肥的结果，使水体中磷养分过多，水生植物生长过盛，引起对环境的危害。

磷的主要来源是磷酸盐岩石以及鸟粪层和动物化石的天然磷酸盐矿床。磷酸盐岩石或矿床通过天然侵蚀或人工开采进入水体或食物链中，经短期循环后最终大部分流失在深海沉积层中，一直到经过地质上的活动才又提升上来。人工开采磷矿做化学肥料使用，最后大半部分也是冲刷到海洋中去，只有小部分通过浅海的鱼类和鸟类又返回到陆地。磷在生物圈中只有较小的部分进行生物地质化学循环，大部分是单方向流动过程，是一种不可更新的资源。因此，对磷矿资源的利用应予以慎重考虑。据美国1972年的资料显示，世界上现有磷矿储量估计可维持100年左右。

值得注意的是，物质流在食物链中有一个突出的特性，就是生物放大作用。当环境受到污染后，某些不能降解的重金属元素或其他有毒物质却会通过食物链逐级放大，在生物体内进行富集。例如，DDT等有机氯杀虫剂，在食物链上的富集情况，就是明显的一例。DDT是一种难分解的脂溶性物质，当它进入生物体后，与脂肪结合，不易排出体外，并通过食物链富集。由于生物的富集作用，就大大增加了有毒物质对食物链中较高营养级的动物和人类的毒害作用。但同时，人类也可以利用生物富集作用来降低或消除环境污染。

在生态系统中，能量流动和物质循环虽然具有性质上的差别，各自发挥自己的作用，然而它们之间是紧密结合、不可分割的整体。能量流动和物质循环是在生物取食过程中同时发生的，两者密切相关，相互伴随，难以分开。例如，食物是由有机分子构成，能量就贮存于分子的键内。

生态系统的信息传递

生态系统的信息传递在沟通生物群落与其生存环境之间、生物群落内各种生物种群之间的关系方面起着重要作用。

营养信息：在某种意义上，食物链和食物网可以代表一种信息传递。通过营养交换把信息从一个种群传递到另一个种群。

化学信息：在生态系统中，如维生素、生长素、性激素等均属于传递信息的化学物质。生物种内和种间的关系，有的相互吸引，有的相互排斥；有的相互制约，有的相互促进。

物理信息：鸟鸣、虫叫等可以传递安全、惊慌、恐吓、警告、求偶、觅食等各种信息。

行为信息：有些同种动物，两个个体相遇时常表现出有趣的行为方式。

这种方式可能是识别、威吓、挑战或从属的信号，或者是配对的预兆等。这种信息表现在种内，但也可能为其他动物提供某种信息。

生态系统的生物和非生物成分之间，通过能量流动、物质循环和信息传递而连结，形成一个相互依赖、相互制约、环环紧扣、相生相克的网络状复杂关系的统一体。生物在能流、物流和信息流的各个环节上都起着深远作用，无论哪个环节出了问题，都会发生连锁反应，致使能流、物流和信息流受阻或中断，破坏生态的稳定性。

生态平衡与失调

人类破坏自然界的天然平衡并不是新现象。人类从动物界分化出来是生态系统演化的飞跃发展，人类的产生本身就是冲破了旧有的平衡。人类社会从渔猎文明发展到农业文明、工业文明和当代信息文明，就是在一步步地日益深刻地改变着地球生态系统的面貌，不断地打破旧的平衡，建立新的平衡。

当今社会，随着生产力和科学技术的飞跃发展，人口数量急剧增加，人类的物质需要不断增长，人类活动引起自然界更加深刻的变化，原始的自然界已不复存在，处处以半人工生态系统和人工生态系统代替自然生态系统。由于人类对自然界的巨大冲击，使自然生态平衡遭到严重破坏。自然生态的失调已经发展成为全球性的问题，直接威胁到人类的生存和发展。

生态平衡不仅是生态学上的重要理论问题，而且也是人类活动的重要实践问题。这是因为：

（1）社会经济生活只能在一定的生态平衡的条件下进行，生态平衡的破坏，将会阻碍社会经济进一步发展。

（2）生态平衡的破坏，主要是由人类活动造成的。

因此，我们对生态平衡问题的讨论不能离开人的作用，而要从人、自然、社会这一大系统的相互关系中去认识、去探索。在一定的区域内，一般有多种类型的生态系统，如森林、草地、农田、水域等，它们代表着不

86

同生态环境，并相互影响构成一个有机的整体。

在一个区域内根据不同生态条件合理配置不同生态系统，就可以相互促进，使其处于协调状态；否则，就会造成不利的影响。例如，在一个流域内，上游陡坡开荒，就会造成水土流失、土壤肥力减退、水库淤积、农田和道路被冲毁以及抗御水旱灾害的能力下降等后果。每一个生态系统的结构与功能的相对稳定性又是生态平衡的基础。

生态系统的平衡

生态系统平衡是指在一定时间内生态系统中的生物和环境之间，生物各个种群之间，通过能量流动、物质循环和信息传递，使它们相互间达到高度适应、协调和统一的状态。

在生态系统中，生物与生物、生物与环境以及环境各要素之间，不停地进行着能量流动和物质循环。生态系统不断地在发展和进化，生物量由少到多，食物链由简单到复杂，群落由一种类型演替为另一种类型等，环境也在不断地变化。

因此，生态系统不是静止的，总会因系统中某一部分发生改变，引起不平衡，然后依靠生态系统的自我调节能力，使其进入新的平衡状态。正是这种从平衡到不平衡，从不平衡到平衡，这样反反复复，才推动了生态系统整体和各组成成分的发展与变化。

需要指出的是，自然界的生态平衡对人类来说不总是有利的，我们所需要的"生态平衡"是有利于人类的平衡。尽管有些自然生态系统达到了"生态平衡"，但它的净生产量都很低，不能满足人类的要求和需要。因而，人类为了生存、发展，就要建立起各种各样的半人工生态系统和人工生态系统。与自然生态系统相比较，半人工的草原生态系统和人工生态系统，都是很不稳定的。它们的平衡和稳定需要靠人类来维持，但它们却能给人类提供更多的农畜产品。

然而，自然界原有的生态平衡系统也是人类所需要的，一方面是改善环境和美化环境；另一方面则是保护珍贵动植物物种资源和科学研究的需要。从满足人类多方面的需要来看，生态平衡不只是某一个系统的稳定与平衡，还意味着多种生态系统类型的配合与协调。

生态系统的平衡首先是动态的、发展的，其主要标志是：

（1）在生态系统中能量和物质的输入、输出必须相对平衡。输出多、输入也相应增多，否则能量和物质入不敷出，系统就会衰退。对于以获取不断增加生产量为目标的系统或处于发展中的生态系统，能量和物质的输入应大于输出，生态系统才能有物质和能量的积累。人类从不同的生态系统中获取能量和物质，应相应给予补偿，只有这样，才能使环境资源保持永续的再生能力。

（2）从整体上看，生产者、消费者、分解者应构成完整的营养结构。对于自然界一个完整的生态平衡系统来说，生产者、消费者、分解者是缺一不可的。没有生产者，消费者和分解者就得不到食物来源，系统就会崩溃；消费者与生产者在长期共同发展的过程中，已经形成了依存的关系，消费者是生态系统中能量转换和物质循环的连锁环节，没有消费者的生态系统是一个不稳定的系统，最终会导致该系统的衰退，甚至瓦解；分解者将有机物分解为简单的无机物，使之回归环境或进入再循环，如果没有分解者，物质循环就不能进行下去。同时，分解者还起到了净化环境的作用。

（3）生物种类和数目要保持相对稳定。生物之间是通过食物链维持着自然协调关系，控制着物种间的数量和比例的。如果人类破坏了这种协调关系，就会使某些物种明显减少，而另一些物种却大量滋生，带来危害。人类通过捕猎、毁林开荒和环境污染等等，使许多有价值的生物种类锐减或灭绝。生物种类的减少不仅失去了宝贵的动、植物资源，而且还削弱了生态系统的稳定性。

应该指出，自然界物种不能任其自然存在和消亡，应该增加对人类有利的物种，减少对人类有害的物种。对于濒危物种应积极拯救，大力保护。例如，消灭老鼠、蚊、蝇和一些有害的寄生虫等以防治疾病的传播和发生；通过人工选育，创造新的品种或物种，以提高生物的繁殖等。这些是人类改造自然积极而有意义的措施。

上述标志包括了生态系统中的结构和功能的协调与平衡，能量和物质输出与输入数量上的平衡。

一个开放系统，在远离平衡的条件下，由于从外部输入能量，由原来无序混乱的状态转变为一种在时间、空间和功能上有序的状态，这种有序状态需要不断地与外界进行物质和能量交换来维持，并保持一定的稳定性，不因外界的微小干扰而消失。比利时科学家普里高津把这样的有序结构称为耗散结构。生态系统就是具有耗散结构的开放系统，物质和能量从系统外输入，也从系统内向外输出。只要不断有物质和能量输入与输出，便可以维持一种稳定状态。

生态系统的自我调节能力

生态系统作为具有耗散结构的开放系统，在系统内通过一系列的反馈作用，对外界的干扰进行内部结构与功能的调整，以保持系统的稳定与平衡能力，称为生态系统的自我调节能力。

生态系统之所以能保持动态平衡，主要是由于其内部具有自动调节的能力。生态系统的生物种类愈多，组成成分愈复杂，其能量流动和物质循环的途径也就愈复杂，营养物质贮备就愈多，其调节能力也愈强。一个物种的数量变动或消失，或有一部分能量流、物质流的途径发生障碍时，可以被其他部分所代替或补偿。

但是，一个生态系统的调节能力再强，也是有一定限度的，超过了这个限度，调节就不能再起作用，生态系统的平衡就会遭到破坏。即使最复杂的生态系统，其自我调节能力也是有限度的。例如，森林应有合理的采伐量，一旦采伐量超过生长量，必然引起森林的衰退；同样，草原也应有合理的载畜量，超过限度，草原将会退化；工业"三废"应有合理的排放标准，排放不能超过环境的容量，否则就会造成环境污染，产生公害危及人类。

由于人类是大自然演化的结果，是生态系统的一个成员，所以，人类对大自然所有的干预以及这种干预的深度和广度正由于现代科技日益增强，这必然反过来影响人类自身。如果人类只顾眼前利益或忽视生态规律，因而有意无意破坏了生态系统的协调与平衡，必然使人类自身失去生存和发展的物质基础。

如何保持生态平衡

1. 影响生态平衡的因素

影响生态平衡的因素是十分复杂的，是各种因素的综合效应。一般将这些因素分为自然原因和人为因素。自然原因主要指自然界发生的异常变化。人为因素主要指人类对自然资源的不合理开发利用，以及当代工农业生产的发展所带来的环境问题等。如工业化的兴起，人类过高地追求经济增长，掠夺式地开发土地、森林、矿产、水资源、能源等自然资源；同时，工业"三废"中有毒、有害物质大量的排放，超出了自然生态系统固有的自我调节、自我修补、自我平衡能力和生长力极限，致使全球性自然生态平衡遭到严重破坏。

人类对生态平衡的破坏主要包括以下三种情况：

（1）物种改变造成生态平衡的破坏

人类在改造自然的过程中，往往为了一时的利益，采取一些短期行为，使生态系统中某一种物种消失或盲目向某一地区引进某一生物，结果造成整个生态系统的破坏。例如，澳大利亚本没有兔子，后来从欧洲引进以作肉用并生产皮毛。引进兔子后，兔子由于没有天敌，在短时间内大量繁殖，以致草皮、树木被啃光，达到一种"谈兔色变"的地步。虽耗大量人力、物力捕杀但收效甚微，最后，引进了一种病菌，才控制了这场危机。我国20 世纪50 年代大量捕杀麻雀，也造成了某些地区虫害严重。在日常生活中，人们乱捕滥杀，收割式地砍伐森林，长此以往，势必造成某些物种减少甚至灭绝，从而导致整个生态系统平衡的破坏。

（2）环境因素改变导致生态平衡的破坏

这主要是指环境中某些成分的变化导致失调。随着当代工业生产的迅速发展和农业生产的不断进步，大量的污染物进入环境。这些有毒有害的物质一方面会毒害甚至毁灭某些种群，导致食物链断裂，破坏系统内部的物质循环和能量流动，使生态系统的功能减弱以至丧失；另一方面则会改变生态系统的环境因素。例如，随着化学、金属冶炼等工业的发展，排放出大量二氧化硫、二氧化碳、氮氧化物、碳氢化合物、氧化物以及烟尘等有害物质，造成大气、水体的严重污染；由于制冷剂漏入环境中引起臭氧层变薄；除草剂、杀虫剂和化学肥料的使用，导致了土质的恶化等。这些环境因素的变化，都有可能改变生产者、消费者和分解者的种类和数量，从而破坏生态系统的平衡。

（3）信息系统的改变引起生态平衡的破坏

信息传递是生态系统的基本功能之一。信息通道堵塞，正常信息传递受阻，就会引起生态系统的改变，破坏生态系统的平衡。生物都有释放出某种信息的本能，以驱赶天敌、排斥异种，取得直接或间接的联系以繁衍后代等等。例如，某些昆虫在交配时，雌性个体会产生一种体外激素——性激素，以引诱雄性昆虫与之交配。如果人类排放到环境中的某些污染物与这种性激素发生化学反应，使性激素失去了引诱雄性昆虫的作用，昆虫的繁殖就会受到影响，种群数量会下降，甚至消失。总之，只要污染物质破坏了生态系统中的信息系统，就会有因功能而引起结构改变的效应产生，从而破坏系统结构和整个生态的平衡。

当今全球性自然生态平衡的破坏，主要表现为森林面积大幅度减少，草原的退化，土地沙漠化、盐碱化，水土流失严重，动植物资源锐减等。

2. 研究生态平衡值得注意的几个问题

（1）生态平衡是动态的平衡

生态系统中的生物与生物、生物与环境以及环境各要素之间不可能存在绝对平衡。就系统中的生物成分而言，不仅植物—动物—微生物之间存在着相互制约的关系，使它们在数量上，甚至在种类之间增增减减。在植物、动物和微生物各自的群落乃至种群内部亦有竞争、排斥、共生、互助等相生相克的关系不断发生；生物通过能流、物流和信息流不断调整系统的结构与功能，使生态系统处于动态的平衡之中。

（2）生态平衡是相对的，是发展、变化着的

由于生态系统自身的不断发展，以及外部条件的变化，原有的平衡总

是要被打破。当旧的生态系统平衡被破坏以后，在新的条件下，将建立起新的生态系统平衡。在这方面，生物进化的几个阶段给我们提供了很好的例证。生物的进化就是不断地从一个稳定状态飞跃到另一个稳定状态。

生态系统是一个耗散结构，它的有序性主要体现在生态系统的平衡上。生态系统内外各种因素的变化，特别是一些重要因素的变化，包括自然和人为的，必然使系统的有序性发生改变，从有序状态到无序状态。在新的条件下，生物与生物、生物与环境通过自身组织或人工调节，使无序状态又重新恢复到有序状态。生态系统就是从有序—无序—有序，从低层次有序发展到高层次有序。因此，生态平衡不是最后的平衡，是由低级到高级，由简单到复杂。人类正是利用这一点，不断建立更符合人类需要的各种人工、半人工生态系统。

（3）生态系统的平衡不是保持原始状态

从人类的需求和社会的发展来看，保持原始状态的生态系统是没有必要的。原始状态的生态系统所生产的物质，无论是种类还是数量都不能满足现今人类社会的需要。只有遵循生态规律，按照人类的需求，对自然进行利用与改造，使生态系统结构更合理，功能更高效，才能实现最佳的生态效益。这是我们所期望的，也是能够达到的。例如，荒山变果园、植树造林、改良土壤等为人类提供了丰富的物质财富来源。

3. 人类与自然的协调发展

自然环境是生态存在和发展的前提条件。生物体通过与周围环境不断地进行物质和能量的交换，来维持自身的生长、发育和繁衍。因此，保护自然、恢复生态系统的平衡，保持人类与自然的协调发展，便成为当今人类面临的重要任务之一。

因为，人类只能以极少数的农作物和动物为食物来源，所以以人类为中心的生态系统结构简单。简单的食物网络极不稳定，容易发生大幅度波动。而人类又一味地向大自然超量索取，势必将进一步加剧自身赖以生存的生物圈的破坏。由此可知，遏制人类对自然资源的无限需求欲望，保持生态系统的平衡，实际上是保全人类自身。人类也只有在保持生态平衡的前提下，才能求得生存和发展。人类的一切活动都必须遵循自然规律，按照生态规律办事。

（1）合理开发和利用自然资源，保持生态平衡

开发自然资源必须以保持生态系统的生态平衡为前提。只要重视生态系统结构与功能相互协调的原则，就可以保持系统的生态平衡，同时又可以开发自然或改造环境。只有生态系统的结构与功能相互协调，才能使自然生态系统适应外界的变化、不断发展，也才能真正实现因地制宜，发挥当地自然资源的潜力。只有重视结构与功能的适应，才能避免因结构或功能的过度损害而导致环境退化的连锁反应。

在利用生物资源时，必须注意保持其一定的数量和一定的年龄及性别比例。这应该成为森林采伐、草原放牧、渔业捕捞等生产活动中必须遵循的一条生态原则，以保证生物资源不断增殖恢复。否则，就会不可避免地出现资源枯竭，使生态系统遭到破坏。

（2）改造自然、兴建大型工程项目，必须考虑生态效益

改造自然环境、兴建大型工程项目，必须从全局出发，既要考虑眼前利益，又须顾及长远影响；既要考虑经济效益，又要考虑生态平衡。生态平衡的破坏后果往往是全局性的、长期的、难以消除的。例如，兴修水利既要考虑水资源的利用，又要考虑由此引起的生态因素的变化。否则，一旦造成生态环境的恶化，后果将不堪设想。

埃及20世纪70年代初竣工的阿斯旺大坝就是例证。该坝的建成在电力、灌溉、防涝等方面带来了有益的一面，然而却因破坏了尼罗河流域的生态平衡，引起了一系列未曾料想的严重后果。尼罗河发源于埃塞俄比亚，流经苏丹和埃及而入地中海，在埃及入海口形成肥沃的三角洲。千百年来，河水的定期泛滥，给三角洲带来了土壤养分，冲洗了盐分，又给地中海带去了营养成分，著名的沙丁鱼即产于此地。大坝建成之后，河水不再泛滥，土地缺少肥源，盐渍化威胁日益加重。同时地中海也因缺少养分来源，浮游生物减少，鱼类生产受到损失，沙丁鱼的产量由未建坝时即1965年的15000吨降到1968年的500吨。水库完工后的1971年几乎不产沙丁鱼了。此外，由于水库的修建，改变了当地的生态条件，使得血吸虫病和疟疾患

者都增多了。

阿斯旺大坝虽然有利于埃及的工农业生产，但也使埃及付出了沉重的代价。我国也有类似的情况，如葛洲坝的建立，忽略了鱼、蟹等的洄游生殖规律，后来经一些生态学家的建议采取人工投放鱼苗并辅以相应的其他措施，才保证了长江流域的渔业生产。因此，对于重大工程必须审慎从事，事前应充分论证，像三峡工程一样充分考虑到可能发生的生态平衡破坏的后果，并尽可能制定相应的预防措施。

（3）大力开展综合利用，实现自然生态平衡

在自然生态系统中，输入系统的物质可以通过物质循环反复利用。在经济建设中运用这个规律，可以综合开发利用自然资源，将生产过程中排出的"三废"物质资源化、能源化和无害化，减少对环境的冲击。总之，人类在改造自然的活动中，只要尊重自然，爱护自然，按自然规律办事，就一定能够保持或恢复生态平衡，实现人与自然的协调发展。

城市生态系统

什么是城市生态系统

城市生态系统，即城市生态系统的组成。城市生态系统是城市人类与周围生物和非生物环境相互作用而形成的一类具有一定功能的网络结构，也是人类在改造和适应自然环境的基础上建立起来的特殊的人工生态系统。

不同于自然生态系统，它注重的是城市人类和城市环境的相互关系。它是由自然系统、经济系统和社会系统所组成的复合系统。城市中的自然系统包括城市居民赖以生

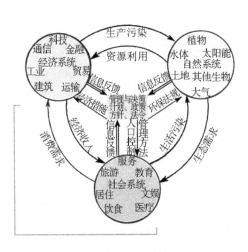

城市生态系统

存的基本物质环境，如阳光、空气、淡水、土地、动物、植物、微生物等；经济系统包括生产、分配、流通和消费的各个环节；社会系统涉及城市居民社会、经济及文化活动的各个方面，主要表现为人与人之间、个人与集体之间以及集体与集体之间的各种关系。

这三大系统之间通过高度密集的物质流、能量流和信息流相互联系，其中人类的管理和决策起着决定性的调控作用。

城市生态系统的特点

与自然生态系统相比，城市生态系统具有以下特点。

（1）城市生态系统是以人类为核心的生态系统。城市中的一切设施都是人制造的，它是以人为主体的人工生态系统。人类活动对城市生态系统的发展起着重要的支配作用。与自然生态系统相比，城市生态系统的生产者绿色植物的量很少；消费者主要是人类，而不是野生动物；分解者微生物的活动受到抑制，分解功能不完全。

（2）城市生态系统是物质和能量的流通量大、运转快、高度开放的生态系统。城市中人口密集，城市居民所需要的绝大部分食物要从其他生态系统人为地输入；城市中的工业、建筑业、交通等都需要大量的物质和能量，这些也必须从外界输入，并且迅速地转化成各种产品。城市居民的生产和生活产生大量的废弃物，其中有害气体必然会飘散到城市以外的空间，污水和固体废弃物绝大部分不能靠城市中自然系统的净化能力自然净化和分解，如果不及时进行人工处理，就会造成环境污染。由此可见，城市生态系统不论在能量上还是在物质上，都是一个高度开放的生态系统。这种高度的开放性又导致它对其他生态系统具有高度的依赖性，由于产生的大量废物只能输出，所以会对其他生态系统产生强烈的干扰。

（3）城市生态系统中自然系统的自动调节能力弱，容易出现环境污染等问题。城市生态系统的营养结构简单，对环境污染的自动净化能力远远不如自然生态系统。城市的环境污染包括大气污染、水污染、固体废弃物污染和噪声污染等。下面仅以大气的二氧化硫污染为例来说明。

大气中的二氧化硫主要有三个来源：化石燃料的燃烧、火山爆发和微生物的分解作用。在自然状态下，大气中的二氧化硫，一部分被绿色植物吸收；一部分则与大气中的水结合，形成硫酸，随降水落入土壤或水体中，被土壤或水中的硫细菌等微生物利用，或者以硫酸盐的形式被植物的根系吸收，转变成蛋白质等有机物，进而被各级消费者所利用。动植物的遗体被微生物分解后，又能将硫元素释放到土壤或大气中，这样就形成一个完整的循环回路。但是，随着工业和城市化的发展，煤、石油等化石燃料的大量燃烧，在短时间内将大量的二氧化硫排放到大气中，远远超出了生态系统的净化能力，造成严重的大气污染。这不仅给城市中的居民和动植物造成严重危害，还会形成酸雨，使其他生态系统中的生物受到伤害甚至死亡。

（4）城市生态系统的食物链简单化，营养关系出现倒置，这些决定了生态系统是一个不稳定的系统。

城市生态环境的保护

城市化是人类社会发展不可避免的趋势。在城市化进程中，人类将大多数野生生物限制在越来越狭小的范围内，同时也将自己圈在钢筋水泥和各种污染构成的人工环境中，远离了人类祖先所拥有的野趣盎然的生活环境，产生了种种文明病。因此，改善和保护城市生态环境，是人类在城市建设和发展过程中应当高度重视的重要课题。

城市环境保护必须遵循生态系统稳定性和经济发展的规律，从整体和长远的利益出发，解决好人口、能源、水资源、污染控制和土地利用等主要的城市环境问题，确保城市健康、协调地发展。

城市绿地系统

城市绿地系统是指城市建成区或规划区范围内，以各种类型的绿地为组分而构成的系统。从内涵上归纳，城市绿地系统具有园艺、生

城市绿地效果图

态和空间三种内涵。从这种意义上来解释城市绿地系统，可以将它定义为在城市空间环境内，以自然植被和人工植被为主要存在形态的能发挥生态平衡功能，且其对城市生态、景观和居民休闲生活有积极作用，绿化环境较好的区域，还包括连接各公园、生产防护绿地、居住绿地、风景区及市郊森林的绿色通道和能使市民接触自然的水域。它具有系统性、整体性、连续性、动态稳定性、多功能性和地域性的特征。

城市绿地系统的职能有：改善城市生态环境、满足居民休闲娱乐要求、组织城市景观、美化环境和防灾避灾等。

城市绿地系统规划

城市绿地系统规划是对各种城市绿地进行定性、定位、定量的统筹安排，形成具有合理结构的绿地空间系统，以实现绿地所具有的生态保护、游憩休闲和社会文化等功能的活动。

城市绿地系统布局是指城市绿地（包括公园绿地、生产绿地、防护绿地、风景林地）和道路绿化与水体绿化以及重要的生态景观区域等在规划时统一考虑，合理安排，形成一定的布局形式。城市绿地系统的布局在城市绿地系统规划中占有相当重要的地位。因为即使一个城市的绿地指标达到要求，但如果其布局不合理，那么它也很难满足城市生态的要求以及市民休闲娱乐的要求。反之，如果一个城市的绿地不仅总量适宜，而且布局合理，能与城市的总体规划紧密结合，真正形成一个完善的绿地系统，那么这个城市的绿地系统将在城市生态的建设和维护以及为市民创造一个良好的人居环境，促进城市的可持续发展等方面起到城市的其他系统无可替代的重要作用。

环境保护与生态城市规划

环境保护与城市规划的关系

环境保护与城市规划、建设有着密切的关系。环境科学与城市规划科学都有各自特有的领域，这是很明显的。那么这两门科学有哪些相近相似的地方呢？有些什么共同点呢？

（1）目标的一致性。对于一个城市，城市规划和环境保护的目标都是使城市规划好、建设好、管理好，使城市环境优美、有特色、令人喜爱，以满足生产和生活的需要。

（2）重点任务的相同性。城市环境保护是整个环境保护工作的重点，因为70%的污染物从城市产生。"七五"期间，国家列出了51个重点保护的城市，加强综合治理工作，提出了环境质量标准要求以及计划控制指标。其中，相当一部分环境质量标准要求要依靠城市合理布局，特别是调整城市工业布局才能达到，而这恰恰又是城市规划的主要任务之一。

（3）学科发展趋势的相似性。环境科学还比较年青，呈多方位的发展，只有多触角、多方面的探索，才能摸索出一条比较科学的学科体系。比如环境科学发展的一个重要侧面是从单项治理走向区域防治。近些年来，区域环境规划、区域环境影响评价逐步地显示了它们的生命力，宁波开发区、云南开远市、安徽淮南矿区等都取得了良好的效果。城市规划科学的发展也是从一个城市走向一个区域，探索市域、县域的规划，研究一个区域的城镇体系的现状和发展。这样，区域环境规划、区域环境影响报告书的编制、评价与审批、实施，就与市域、县域规划、城镇体系布局直接联系起来了。如上海经济区的规划就有区域城镇体系规划和区域环境规划这两大块内容。它们之间又是相互渗透、相互促进的。

（4）与经济建设的紧密性。城市规划的重要任务是为经济建设服务，使建设收到良好的效益；同时促进人民生活质量的提高。城市布局合理、城市基础设施完备，则城市功能坚实，城市的效能就高。而布局的合理性、设施完备程度又受经济实力的制约（如投资的多少、投资的方向、投资的先后等）。环境保护几乎与城市规划与建设相同，它既促进经济建设发展，又受经济水平的制约。如环境保护的投资目前只占国民生产总值的0.5%，而真正能控制污染，一般应在1.5%~2%；国家规定的企业技术更新改造资金中应有7%用于环境保护设施的改造上，而现在仅达2%左右；应收到20亿元左右的超标排污费，而实际上仅收到14亿~15亿元；治理污染的示范工程（如脱硫装置、废弃物处理场等）还没有投资渠道；环境保护事业自身建设（如环境监测站等）的费用仍很紧张。这些无不受国家经济实力的影响。

（5）工程措施的集中性。城市综合整治和设施水平、效率，与城市涉及环境的诸因素的改善密切相关，而又基本上汇集到工程措施上来。比如污水处理厂的建设、气化率的提高、烟气脱硫装置的使用、资源综合利用、固体废弃物集中处理、放射性废物库的建设……无不要采用工程措施来达到目标要求的效果；不采取工程措施，就能比较彻底地解决污染防治是较少的。城市规划的目标要求，同样需要诸多工程措施来体现，而它的工程措施中有不少又是环境保护目标所要求的。

从以上5个方面的分析，可以看出这两门学科，无论在理论上和实践上都有十分协调的内容。但是，也应当同时看到，它们毕竟是两个学科领域，工作的开展上也各具特色。为了在实际工作中协调配合得更好，共同振兴事业，有以下几个方面是要着力促进的：

（1）新建的工程项目的选址、定点要紧密配合协作。尤其是工业建设项目和重大的基础设施建设（机场、港口、高速公路等），都要有合理布局。这样不仅可以充分发挥功能、效益，又能减轻污染，改善城市风貌。

（2）努力做好城市工业布局调整规划。我国的大多数城市都面临着合理调整工业布局这样一个难题。现实的污染扰民，企业技术改造，城市总布局的合理化，都要求城市规划与环境保护这两支队伍共同配合，制定出城市工业布局调整规划，并推动其实施。

（3）协力规划、建设好历史文化名城、风景名胜区和自然保护区。上述几项工作，都有两个学科的共同的工作领域，在工作中学科之间又互相渗透、交叉。我国的文物古迹和有特色风貌的景观不少分布在中小城市，而当前污染又正在向小城市扩散，因此中小城市的工作更应引起大家的严重关切。还有，干旱、半干旱地区沙漠化的趋势，正在威胁着城市的发展。满洲里、海拉尔等城市之所以有特色，正是由于它们镶嵌在呼伦贝尔大草原上；大兴安岭茂盛森林的抚育，呼伦湖碧水滋润，使它们生气盎然。如若这些条件恶化，城市特色、生机也将消失、衰退。

大兴安岭

城市规划、环境保护都有各自的科学领域和工作范围。从近年来环境保护工作发展情况看，至少在以下几个方面是值得城市规划工作借鉴的：

（1）环境保护立法系统化。重视立法执法，才能逐步地走向高效益、高层次的管理。一项事业仅有技术的保障是远远不够的，只有"法治"才能从根本上保证事业健康顺利地发展。环境保护有比较完善的立法体系，除了《环境保护法》这项基本法以外，还有《水污染防治法》、《海洋环境保护法》、《大气污染防治法》等。一个国家有没有一个比较健全的环境法规体系，是衡量一个国家环境法规建设和环境保护工作发展程度的重要标志。同样我们也可以这样来说，一个国家有没有比较健全的城市规划法规体系，是衡量一个国家城市规划工作发展的重要标志。

（2）积极创造环境保护事业发展的外部条件。任何一项事业的发展都要有相应的人才，都要一定的经费，都要有必不可少的物质条件（房屋、设备、仪器……）。环境保护每干一项工作，都积极物色人才、培养人才，为了强化管理，创建了世界上仅有的一座环境保护干部管理学院，培养各级环保管理干部，使他们除了懂专业，还要会管理。为了适应环保事业的发展，还积极疏通渠道，开辟财源，使相应的机构（科研、报刊、出版、学校、培训基地等）基本建立起来，形成了一个比较完整的工作体系。相比之下，城市规划事业的外部条件则差多了。

这当中有一个观点——不少教材中、讲课中都强调城市规划有"地方性"特点。实际上，这并不是城市规划工作特有的特点。难道环境保护工作的"地方性"不强么？一项尚不为大多数人所理解的事业，在它的发展中，尤其是起步阶段，如果不强调工作的重要性，并在宏观上加以指导，而却过于强调"地方性"，这样常常会使它难于具备开展工作的充实条件，会使"分散性"冲掉了它的整体性和系统性。

什么是城市化

城市化问题已成为中国的热门话题。对于这个问题的重要性，至今人们还认识不足。其实，它是属于国家发展的战略性范畴问题，它关系到国家和民族的根本利益。40年来，在城市发展和城市化问题上，我国有过成功的喜悦，也有过失误的教训。认真总结其经验教训，探讨发展规律，是非常必要的。因为城市化是个大政策，就领域说，它涉及社会、经济乃至工程领域；就时间说，上下涉及100～200年。全世界的学者，在研究城市化的许多重大问题上仍是仁者见仁，智者见智，尤其在城市化途径和对不同规模城市采取的政策上更是如此。

自从产业革命以来，城市化与工业化亦步亦趋地并列发展着，资本主义国家也好，社会主义国家也好，概莫能外。1780年，世界上城市人口只占总人口的3%，到1850年已达6.4%；又过了50年，到1900年已上升到

繁华的都市

13.6%，而在 1950 年时，已高达 28.2%；1980 年又上升到 42.4%。据预测，到 2000 年世界城市人口将超过总人口的 50%。几乎可以说，近 200 年间，每隔 50 年，城市人口占总人口的比例差不多就要翻一番，这个趋势是不可阻挡的。

截止到 1983 年的统计，各种类型国家城镇人口占总人口的比例是：低收入国家为 22%（印度 24%，中国 21%）；中等收入国家 48%；上中等收入国家 64%（巴西 71%，墨西哥 69%，阿根廷 84%）；市场经济工业国家 77%（英国 91%，美国 74%，日本 76%）；前苏联、东欧各国 64%（前苏联 65%，匈牙利 55%）。可见，城市化在高速地发展着。只要工业化，只要生产商品化、社会化、现代化，就必然伴生城市化。这是人类社会进步的大趋势，必须以积极的态度迎接它。"恐城病"——害怕、讨厌城市的发展，是违反社会发展规律的，至少在今后可以预见到的 200 年内，人类大多数将生活在城镇中。

那么什么是城市化呢（有些学者也把它叫做"城镇化"，这里还是采用国际上通行的提法）？城市化是由第一产业为主的农业人口向第二产业、第三产业为主的城市人口转化，由分散的乡村居住地向城市或集镇集中，以及随之而来的居民生活方式的不断发展变化的客观过程。通常以城镇居住人口与总人口的比值，代表城市化的发展水平。这是由于近代大工业的发展，要求人口（劳动力）、资金和设备相对集中，以便带来聚集效益。生产的专业化和社会化要求把社会各个细胞组织起来，而城镇就是最有效的空间组织形式。因而城市的发展城市化，就呈现出不可阻挡的趋势。

有人强调城乡融合、城乡一体化，用来否定城市化，这是不对的。城乡一体化的前景确实存在，但对于我国来说那是很远以后的事情。城乡融合、一体化首先要充分发挥城市的中心作用，带动周围地区和农村的发展，而不是相反。融合、一体化，是将农村提高到城市的水平，是城乡都要现代化，是要求农业生产和乡村生活方式向城市看齐。这个水平，绝不是短期可以办到的。在城市化问题上，还有一些见解令人不能赞同。一是把古代、中世纪城市作为城市化内容，这显然是不恰当的。1780 年以前，即近代产业革命前，城镇人口只占人口总数的 3%，谈不上什么城市化，而古代的历史又是城市乡村化。可见这种立论不能自圆其说。二是把郊区化当作非城市化的重要表征。这当然是个误解。郊区化，就其生活内涵和性质而言和城市化内涵毫无不同。三是把发达国家中小城镇发展加快，大城市发展减缓看成非城市化，这也不能苟同。中小城镇发展也是城市化，用"非城市化"无法解释。

什么是生态城市

哥伦比亚市座落在美国华盛顿与巴尔的摩之间的哥伦比亚区，建立于 20 世纪 60 年代初，人口 5.5 万，是一个人口相当稠密的城镇。

但是，30 年来，该市植树 100 余万株，居民住地与商业区已完全森林化，即使身处闹市中心，也感觉不到人声的嘈杂。设计者们还根据这里的自然条件，因地制宜，别具匠心地把沼泽地改为湖泊，把环湖地区辟为风景优美的商业区和居民区；草坪是在天然草场基础上开辟的，沿着河流的两侧保存了面积约 4.8 万平方千米的自然保护区。这是一个鸟语花香、珍兽出没的地方，在这儿人们恍若置身于乡间别墅。输电线路等公共设施铺在地下，公路也建在对环境影响最小的地方，一切尽可能地保持着原始状态。

这里只欢迎不冒烟、无污染的工厂、企业、学校、商店、娱乐场所。建筑物都

生态城市

设计在步行可到达的离住所不远的地方。因此，大大减少了小汽车的使用和空气污染。这是一座人和自然环境和谐、协调的试验性生态城镇。一座生态城市必须控制人口密度。我国城建部门曾提出：百万以上的特大城市是每平方千米不超过 12000 人；省（区）首府，一般加工工业城市的地区中心，每平方千米不超过 10000 人；工矿城市和风景旅游城市每平方千米不超过 7000 人；港口城市每平方千米不超过 6000 人；县城每平方千米不超过 9000 人。

生态城市必须合理利用自然资源。土地利用不应以牺牲自然界作为代价。城市建设与发展规划要与水资源的综合开发利用相协调。而绿地的保护和建设尤应予以强调，应把绿地面积作为生态环境质量评价的重要参数。每个居民要拥有 10 平方米森林或 25 平方米草坪；新建城市绿地面积应占 30% 以上，旧城改造要伴留绿地不低于 25%。21 世纪末，城市绿地面积要达到 50%。

根据生态观点规划功能分区，应把环境最美的地段划为生活居住区。这种功能分区只是一个生态城的子系统，应严格地统一化、系统化，妥善协调各区间的相互关系。并应考虑郊—县—乡之间的相互协调关系，把它们之间的能量、物质、人口和信息的输入和输出，借助工农业、文化教育、科学研究、就业、产品、废品处理、运输、交通、娱乐、商业服务等协调起来。

一个生态城市必须随城市化的特点及其生态环境的不同而各异，尤应注意维护和发挥其生态优势，从而确定其城市的性质、功能及规模。生态城应是一个有利于人类生活、健康和工作的最佳环境，是一个最佳模式的城市生态系统。

生态城市设计

"生态"一词源于希腊文 Oikos，原意为"家"和"住处"，是德国科学家恩斯特·海克尔于 1869 年提出的。这个词，作为一门研究有机物与其生活环境之间相互关系科学的名称。生态学的起源，尤其是其演变过程，同其他学科的起源和演变过程迥然不同。由于生态学是各门学科的大汇合，所以生态学能够应付日益复杂的环境问题，触及社会和自然界的许多方面。

20 世纪 20 年代中期由奥古斯特·蒂内曼和 J. 布朗-布朗凯和查尔斯·埃尔顿创立的群落生态学，即生活在同一环境中的物种的生态学，开始与人们的生活环境联系起来。影响到全世界所有国家的环境问题，直接关系到包围这个星球的薄薄一层生物圈。"生物圈"这个术语是由俄国科学家 V. I. 维尔纳茨基在 1926 年首次提出来的，他是生态学的先驱。"生物圈"这个术语指出了生态学的最终目标。在生物圈里，人起着支配的作用，因此人对生物圈的演变所负的责任，是我们最迫切需要考虑的问题。

1971 年，联合国教科文组织发起了"人与生物圈计划"，这个计划后来得到进一步的发展，强调必须采取综合的学科间的研究方法来研究人与生物圈的问题，而不是多学科的方法。

1. "人与生物圈计划"中的城市规划环节

近年来"人与生物圈计划"的研究及其进展，促进了城市规划学科在以下诸方面的内涵延伸：

（1）开创了对城市的跨学科研究，使人们有可能确定城市的经济、社会、生态等基础结构及其空间组织之间的主要联系；

（2）创造了符合生态学要求的城市整体规划方法；

（3）产生了预测城市生态系统"行为"的数学模式。

城市规划生态学理论框架是在 1975～1977 年建立起来的，其任务是把生态的社会和其他方面的知识变为城市设计语言。

2. 城市的生态问题

在 20 世纪的大部分时间里，城市化一直是一个世界范围的现象。种种迹象表明，世界对于如何对付这一爆炸性的冲击尚未准备就绪，因此尚无能力全面地认识和解决城市化问题。"人和生物圈计划"提倡采用综合的多科性"生态系办法"来研究城市问题，特别注意城市的粮食、能源、原料、人、情报资料和其他方面的"流量",并提出了一个从生态角度来研究城市居住区的方法。

在生态学家看来,城市可能是一种人工色彩很浓的系统。随着每一次新技术的发展,城市居民逐渐离开其"自然"环境,他们的物质和生活稳定性在很大程度上已经难以通过自然界本身的自动调节来实现。受现代人干预影响最大的环境——城市生态系统,直到目前为止,注意力经常过分集中在组成生活进程的亚生态系统或更小的生态系统方面。与此同时,宏观结构仍然被人们忽视,而这些宏观结构恰恰是人们能恰当认识城市生态问题的唯一基础。

城市能源的各种动向,是一个重要的尺度,能帮助我国了解城市生态系统。研究一个社会的能源形式就会涉及社会发展的各个方面,并引起人们关注生态方面正在发生的重要变化。城市的生态问题已经达到了某种"临界量",解决这方面的问题就得提出人类住区——城市的未来前景要求体现生态的发展标准,这就需要对"科学—城市设计—城市环境"这一整个系统作更深入的分析,从而提出"生态城市"的概念。

前提和层次

1. 建立"生态城市"的前提

城市发展应服从生态—社会发展的目标,因为今后物质和能量流动的结构和速率与现在的住区大不相同。物质和能量流动构成所有城市子系统的共同特征。建立"生态城市"概念的前提是弄清楚城市的社会和生态两种子系统如何在交互作用中发展。

用生态学的方法解决城市设计的问题,力求同时满足文化、经济和生态三方面的需要。在1981年联合国教科文组织主办的"人与生物圈"讨论会上,亚尼茨基主张把主要力量放在城市规划而不是放在对城市问题的学术研究上。于是,城市规划师开始注重城市生态系统,开始把人类的聚落问题作为更大的生态系统的一部分,而不是孤立地、片面地从纯工程角度来对待和研究。在宏观方面,建立"生态城市"的概念框架,考虑城市对环境的全部影响，"环境影响评价法"的基点正是考虑了基本的互动作用；在微观方面，考察"生态城市"系统的各个侧面，确立"生态城市"设计语言的逻辑关系。

2. "生态城市"

我们所研究的城市规划的基点是城市化对于自然环境的影响。然而，没有城市群落和其他由人维持的生态系统，显然也就不会有什么城市。于是，在"人与生物圈计划"研究过程中，提出了"生态城市"概念。事实上，这是一个最根本的问题。因为人和自然都必须在城市中怡然自得，使城市成为生物圈和社会圈的一个完整的组成部分。"生态城市"必须同时既是一个生物体，又是一个能够供养人和自然的环境。"生态城市"是人与生物圈中理想的住区，生态城市的社会和生态过程以尽可能完善的方式得到协调。生态城市设计可视为认识社会—生态综合体的基本问题的最佳方式，体现着科学和城市规划之间相互实际依存的关系。"生态城市"的核心思想是它的整体性和它的和谐的生态—社会发展。"生态城市"的决策人和规划者面临三大课题：

（1）人与自然的对立与协调。

（2）城市与农村的分离，城市的盲目延伸与乡村的自然景色的矛盾。这里有两个世界，即人类的世界与自然的世界，要协调两者的矛盾。

（3）追求城市效益与保持环境舒适之间的冲突。

为了解决上述三大课题，在"人与生物圈计划"城市系统研究中首先必须从以下几个方面作系统分析：①"生态城市"发展的焦点是城市系统的承受能力（城市既作为适当的人类住区，又是生态系统和支持系统）。②当居民从乡村转向"生态城市"，个人和社会都需要在心理和生理两方面进行重大调整。③"生态城市"作为人类环境区，是人类文化和创造力的自然之家。④单纯保护是不够的，还需要有利于发展和改善人与其所处环境的关系。这正是"生态城市"所要实现的目标之一。

108

3. "生态城市"的层次

（1）时空层次

"生态城市"中的社会过程和生态过程都有一个明确的时—空结构，这种时—空结构体现出生态城市中整个人工的（技术的）环境在其社会系统和生物系统的相互作用中具有的空间界限。生态城市的时—空结构同时也是"生态城市"综合概念的框架，城市的社会关系是这种框架的支撑体系，城市的空间关系是这种框架的表象。

（2）社会功能层次

社会—功能层次是城市组织以及反映这一组织的全部知识的第二个层次。时—空层次浓缩于社会—功能层次中，而社会—功能层次又在时—空层次上留下投影。生态城市的人工环境与自然相互"直接"作用之后，就会产生两大组织系统：①社会系统，包括生产、社会基础结构等；②生物系统，包括自然和人工的生物群落。

（3）文化历史层次

"生态城市"研究中跨学科分析的最高层次是文化—历史层次。每个城市都有其对未来的设想，这是它的特性的一个组成部分。文化则给这个城市的思想和行动带来一致性，这就是不同的城市所形成的不同的城市文化。

生态城市的文化—历史层次在于分析造成城市与自然矛盾的那些深刻的社会—经济原因，并且系统地提出社会和个人为克服这种矛盾所应追求的目标。社会—哲学和历史—文化的分析在这方面起着主导作用。每个城市只有通过文化才能影响社会、影响人类。尽管文化的空间并非总以城市为单位，也并非总以国家为单位，但是生态城市的文化空间在文化—历史层次上总是充分力求保持和显示出自己新的特性。

（4）"生态城市"的社会功能

现在的城市规划学科知识对于"生态城市"功能概念的发展是不够的，因此，越来越需要由城市社会学、城市生态学和城市规划学相组合而构成"生态城市"的区域模式。由于社会、生态和技术各系统之间相互作用，生态城市的"社会功能"概念具有跨学科的特征，而且这一对象必须在空间上体现出来，因为与此相关的下一步便是空间（城市）的设计阶段。生态城市的社会—功能既有预测的一面，也有回顾的一面，由于人类的需要和生活方式的变化，以及对新的生态环境的反应的变化，生态城市的社会功能始终处于演变过程中。

设计方法

1. "生态城市"设计的阶段

生态城市设计在广泛的科学和社会范围内加以考虑，换言之，生态城市设计只是从进行基础研究到形成城市环境这一全过程中的一个阶段，这个阶段共分为5个方面：

（1）基础研究；

（2）应用研究和发展；

（3）具体的城市设计；

（4）建设过程；

（5）城市有机组织结构的形成。

迄今在城市设计中着重研究了第一至第三方面，但也不可忽视建设技术和组织形式对于城市设计过程的影响。

2. 生态城市设计的主要功能

（1）城市设计是生态城市模式的空间表现。在设计过程中，城市设计语言综合相应地表达为模型、要素和其他与这些要求密切关连的技术系统之间相互依赖的复杂关系。

（2）城市设计旨在获得某种目标、某种具体的社会需要。生态城市设计的目标是新建立的城市群落必然与周围的农业群落、自然景物、保护区以及其他自然和人工环境互相联系，成为一体。

（3）如果我们将城市设计提高到创造"生态城市"的层次——我们就必须明确这种静态的表现是否符合理想，是否可以利用它来指导和掌握未来城市环境的"成熟"过程。

109

（4）城市设计是一种社会—文化现象，它对于城市决策者、管理者以及对于公众舆论所施加的影响越来越大。在当代文化中，城市设计是描绘未来城市图景的一种方法，是对城市各种相关信息在空间处理方面的过滤，是城市子系统相互之间的"信息关系"。更具有重要意义的是，它是可以接近一般市民的方式，它潜在地制造着最广泛的机会，使城市规划师和各种社会集团之间可以交流。因此，现代的建筑师、城市规划师是科学与城市社会生活之间、科学与公众意识之间的重要中介。这在生态城市设计中必然具有一种可见的特性。

（5）城市设计是一种艺术。因为城市设计是未来城市的"生命长青树"所赖以生存的基础。1960年，凯文·林奇在《城市的意象》一书中阐明了一个大城市在其居民心目中的形象，但是城市形象中的城市环境观念至今并没有对城市设计、城市建设产生任何重要影响。因此，只有建立"生态城市设计"的概念与方法才能在当前及今后的城市设计中取得重大进展，这就要求在城市规划师现有的专业亚文化群的基础上综合科学、艺术、技能、专业修养以及多边交往能力。

总之，城市设计既是手段也是目的，是技术现象又是艺术创作，它是知识综合的产物。现代城市设计的目标之一是"生态城市设计"，这就需要城市规划师与社会学家和生态学家一道制定生态城市的模式。这将是城市设计方法的一种转化过程。

3. 生态城市的设计语言

（1）人工环境与自然环境的协调。

（2）传统的、对客观对象的空间表现方式几乎随时变化，因此，城市设计所表现的只能认为是城市四维空间的各种横断面。

（3）生态城市重新肯定自己之所以存在的最基本的理由：向人们提供可以面对面接触的中心场所——这就是在街上。

（4）市场和商场是街道的统一体。

（5）人们分不清城市中街道、广场和绿地的衔接处究竟在哪里。

（6）在城市中为市民增添可以接触到的水。

（7）确保阳光照射到各个城市空间。

（8）树在城里，城在树里。

（9）在有座位的地方，人们总是想坐。因而城市中供人休息的设施至关重要。

（10）"行为池"是城市设计的前提。

（11）城市设计的关键因素不是民族性，而是城市特性。不同国家大城市之间人们行为相似的程度要大于同一国家内大城市与地方城市之间人们行为相似的程度。

（12）无障碍设计是生态城市设计的基点。

（13）市中心对市民永远具有吸引力。

（14）通街遍布，自成一体。

111

（15）所有的城市文化价值都是历史的遗产，但又是城市设计中革新的源泉。

（16）城市景观是城市文化的空间构成及表现。

生态城市设计是一门正在探索过程中的学科，它是在城市社会—文化背景下的跨学科的综合研究，旨在形成一种新的城市设计方法。

城市环境元素分析

从广义来说，城市环境由形体环境、社会环境和文化环境三个方面组成。同时，城市环境又受到经济技术、社会文化以及管理立法体系等诸因素发展的影响和作用，形成一个互相制约、不断发展的开敞体系。

人类世界从大刀长矛的步行时代，经土枪大炮的马车时代，迈入导弹卫星的汽车时代，促使城市空间从古代只有 1～2 千米半径的范围扩大到中世纪 5～10 千米的活动范围，最后成为沿高速干道漫延的连绵城市群，城市结构也相应从简单的几何中心到出现次级中心和郊区中心，最后发展成多中心。如果说，经济技术作为动态发展体系，从外部改变社会群体活动的方式进而作用于城市的话，那么社会文化动态发展体系则从内部改变社会群体自身，来对城市施加影响。

文化因素总是在有形或无形之中决定着人的物质生活、思维方式、伦理原则和行为取向。随着垂直隶属的人际关系转化为网络型社会，几世同堂的大家庭演变成直系家庭或核心家庭结构，个人对自身价值重视和对独立自主行为的追求代替了单向对家庭的义务责任感等等。个人行为场所将逐步扩大，人与人的交往也必然会增加，对城市环境的要求也会不断提高。因此，分析城市环境，了解社会群体活动特征，寻求其象征系统和形体符号，预测发展的前景，探求与当地居民进行对话的语言，是规划设计的前提。其中首先要确认有特征的城市空间要素，使值得保护的能得到保护，以促进城市空间形态多样化。

保护城市环境的文化特征历来为人们所重视，100 多年前人们就已经明确提出了历史文物建筑的保护。以后，1962 年法国安德勒·马尔罗提出"历史街区保护"，1967 年英国实行历史环境保护法和对历史地区进行保护性再开发。其他各国也都有对历史建筑和历史地段的各种保护法律和实践。无庸置疑，对人类文化瑰宝是必需加以保护的，然而这仅仅是对组成城市环境的人工元素进行保护的一种方式。如以社会群体活动为线索，对城市环境可建立如下的保护要素框架。

形体环境中的自然元素，常常在规划中被当作与环境污染问题有关而加以保护，这是问题的一个方面。水体、地形、植物等自然元素是组成城市景观特征的重要因素，小溪流水、滔滔大江、缓坡丘陵、崇山峻岭都给城市带来生气和不同特色，更重要的是这些自然元素还可以造就社会群体开展活动的优美环境。

日本京都古运河是当时城市水系的重要组成部分，为古代运输物资的交通命脉，今日已是无水旱沟，但在规划和实践中却一直被视作城市历史见证和景观组成部分而保存至今。观光人群沿着静静的古运河，看到运河中当年使用的旧货船和运河一侧城市干道上奔驰而过的汽车流，追忆着当年繁荣情景，别有一番风味。

荷兰阿姆斯特丹的古运河，水清城秀，游人如织，运河旁的木船已作为出租住宅，内部装修一新，是大学生喜爱的宿舍区。美国南部圣安东尼城拥有热带植物和西班牙风光，从 20 世纪 30 年代起就开始考虑如何对流经市中心的河流进行保护改造。当时提出两个方案：①把已污染的河道改造成混凝土管沟，管沟上开辟停车场；②改善河水，沿河两边形成散步步行道和带状公园，把各大型经济企业联系在一起。为了实施第二方案，河边的海特旅馆把中央大厅底层设计成公众步行道的一部分，一直延伸到城市公园和市政广场。城市公园里的流水瀑布经旅馆的中央大厅流入河道，这样市政府和私人合作造就了一个有机的城市设计，增加了城市的魅力，也为市民们所骄傲。

近年，我国很多城市也开始注意对城市环境中自然元素的保护改造和利用。兰州沿黄河开辟了滨河绿地，建成后从清晨到深夜人流络绎不绝，城北山坡上的桃花林也被用于一年一度的桃花会，增加了城市的生活情趣。四川自贡春节灯会是在四周为山丘，中部有湖的人民公园里举行的，虽然公园的面积不大，但山上山下，岸旁湖中，多层次的空间使灯会气势磅礴，较一般城市更为壮观。古树名木、候鸟迁移栖息区等都应在规划中划成保护空间，为城市发展中潜在的公共空间。

人工元素、社会环境和文化环境的保护包含3个方面意义：①对具有历史、艺术和科学价值的文物古迹、历史建筑进行不改变原来模样的保存，这是文化遗产的继承，属于历史文物保护。②对代表城市风貌的历史街区、传统生活区、传统风景区和绿地进行保持外貌形态的保护工作，建筑内部和环境给以改造和改善，这是对城市环境的保护。③对城市中心、传统的工业和手工艺地区、民族聚居区和组成城市的社区结构进行活动特征和活动规模的保护工作，旨在改造和发展。

世界上很多城市不乏精心保存的历史文物建筑，他们往往构成了令人难以忘怀的城市空间，如法国巴黎的卢浮宫、协和广场、埃菲尔铁塔；英国的伦敦塔、圣保罗大教堂、特拉菲加广场；意大利罗马的古罗马废墟、圣彼得大教堂；日本奈良的平城宫遗址；美国华盛顿的华盛顿纪念碑和中国北京的故宫等等。人们在这些城市空间里参观游览，虽然有的只是断垣残壁或废墟遗址，但仍可感受到强烈的历史文化信息，有一种亲切的延续感。传统文化并非只是过去，当代解释学大师伽达默尔（H. G. Gadamer）曾在《真实与方法》一书中谈道："传统并不只是我们继承得来的一宗现成之物，而是我们自己把它生产出来的，因为我们理解着传统的进展，并且参与在传统的进展之中，从而也就靠我们自己进一步地规定了传统。"基于这种对人与传统关系的理解，我们不仅要继承人类已经创造的优秀的城市空间环境，还要参与到传统城市环境的发展之中，去进一步规定传统。

美国波士顿昆西市场是一个成功的城市环境改造实例，常为城市设计工作者引用。该市场临近海湾，是旧日港口仓库区，改建后建筑仍保持原来外貌，恢复了当年港口活动区的历史面貌，内部进行修建，其中一幢用于出售传统食品，另一幢为小型专业服务商店，室内进行了现代化装修，室外增加座椅、灯具、雕像和铺地，把狭长单调的空间改造成亲切宜人，可以举办各种街头演出和其他活动的休息空间，人们到此流连忘返。离昆西市场不远是波士顿儿童博物馆，是外貌平淡的旧式砖石结构房子，同样保持着原貌，内部大厅间里安置着中国菜市场和商业街、日本住宅街、欧洲独立式住宅和其他各种游戏室，来参观的儿童可以拎着中国竹篮去买菜，亦可脱鞋进日本卧室席地而坐，使用筷子，还可去奶奶的房间察看早年生活场景和用具，亲自参与，使活动者兴趣盎然。在室外环境改造上使用了简朴而精心的手法——在建筑入口处置一大奶瓶作为售票亭。这个白色的大奶瓶现已成为波士顿城市标志之一。

这种旨在保护城市环境，参与传统的进展之中的例子不胜枚举。近年纽约南街海港码头仓库也被改造成出售海鲜的小餐馆。建筑外貌如旧，内部却修建了共享公共空间和步行街，同时更换了铺地，增加了绿化和建筑小品，与港口旧轮船以及新建室内商业步行街一起，又为城市提供了一个公共活动空间。日本京都清水寺前的产宁坂传统商业街和嵯峨风致区、名古屋的城堡公园都有类似的做法，对历史上形成的建筑和空间利用改造，进行现代化加工。这是城市环境保护的一种形式。

另一种则是对城市环境中某些有特点的社会群体活动进行保护。社会群体活动一般包括社会结构中的社区组织和个人行为场所；经济结构中的生产活动和文化结构中的节日、艺术、娱乐活动。世界各国很多城市都有种族聚居区和各种社区结构，形成富有文化特色的城市面貌。美国洛杉矶的中国城、日本人和朝鲜人聚居区，近年来都逐步进行新的建设，中国式色彩鲜艳的牌楼、龙凤图案装饰以及大屋顶，日本式的枭居，带有木格栅的小屋，黑、白、酱色的石灯、石柱及山水庭园，均给城市增加了多样化文化感。日本东京荒川地区是江户时代的古老工业区，拥挤着众多的小工业和手工业，在城市经济发展和城市范围扩大后，这些小工业一直受到保护留在原地。目前该地区虽已进入城市中心区边缘地带，工厂里的技术也已从原始产品向高精大发展，周围环境也有所改进，但仍是百十人小厂的聚集地，保持着老城的小尺度特点，与东京赤坂、新宿等城市再开发区形成鲜明对比。日本京都的清水烧和西阵织团地也都保持着原来磁窑作坊和手工纺织的特点。西阵织的建筑仍是坡顶、木栅的街面，清水烧团地却已演变成独立式别墅住宅区，对改善城市环境和城市文化多样性作出了应有的贡献。

城市中，艺术、节日和娱乐活动空间也都普遍受到重视和保护。美国波士顿在一年一度的独立节庆祝活动中，有一项听著名的波士顿交响乐团演奏的节目，为此，专门在查理士河的绿地丛中盖起了带壳体的露天演出台，并建立了著名指挥菲拉德的纪念像。法国巴黎制高点正兴寿教堂旁有一块艺术家云集地，画家在这里自搭小棚作画、卖画、剪肖像、画肖像。这些活动一直受到市政当局保护。这里已成为游人必到的旅游点之一。日本高山市有全国有名的彩车游行活动，市民对高大彩车所经的街道宽度和建筑高度都自觉进行保护，从而保证游行最佳效果。

近年我国各城市也逐步重视起历史地段保护，天津文化街、合肥庙前街、南京夫子庙、济南环城古园等，都是改善城市环境的好例子，但对城市环境中有特点的社会群体活动场所的保护和改造还待进一步发掘和提高。社会群体是使用城市的主人，也是创造城市环境的建设者，因此城市的规划建设离不开社会群体，城市的保护工作也离不开他们。世界各国目前都有听取居民意见、吸取居民参与的规划程序，在制定保护规划、开展保护活动时亦都应该有群众参与。

日本东京荒川区在确定保护项目时，首先动员居民用摄像机记录他们认为需要保护的建筑、城市环境和社会群体活动，然后由规划部门汇总，向政府报告，由政府作决定。日本高山市由小学生开展鲤鱼节的活动，开始了居民的"街角美化"运动，使城市环境得到很大改善。美国波士顿的柯普利广场在城市数百年发展过程中，发动了几代人进行方案设计竞赛讨论和改造，至今仍在不断工作着。他们认为随着城市经济技术和社会文化的发展、社会群体活动的提高，城市环境的保护和改造将是永无止境的。

居住区规划与环境设计

居住区规划是一门综合性的学科，它涉及社会、政治、经济、人文、历史、艺术、地理、环境、心理、行为等各个领域。因此规划师和建筑师要不断地学习，丰富自己的知识；同时还要深入实际，深入群众，做好调查研究，进行艰苦的创作，努力为人民创造良好的生活居住环境。

人类自出现聚居以来，不断地探索着有利于当时当地生产与生活的居住形式。社会制度、生产方式、生产力和生产关系决定了"居住区"的规模和布局。早期，农民依附于周围所耕种的土地。落后的生产方式和交通手段决定了村落的布点比较分散，村落的规模不可能太大。手工业生产和个体劳动经济的崛起出现了沿交通道建房，前店（铺面）后厂（作坊）的布局形式。然后，随着商品经济的发展和社会分工的深入，城镇规模逐渐扩大，产生了街坊——成街和成坊相结合的形式。这时期的城镇可以说是一个扩大了的居住区，在那里综合了经济、政治、文化、生活和居住等多项功能。内向庭院式的居住方式代表着当时封闭的社会形态。只是由于大工业生产的集中，才有了分区的要求。生产中的废气、废水、废物、噪声等干扰，迫使居住区从工业区中分离出去。而商业、金融、贸易、行政管理等又有了各自的活动范围。可是城市化运动带来了人口密集、住房拥挤、环境恶化、交通阻塞等弊病，迫使许多社会学家和城市学家寻找对策。1929 年美国建筑师佩莱根据霍华德"田园城市"的设想，提出了邻里单位的理论。他在给纽约区域规划委员会的报告中阐述了邻里单位的 6 条基本原则：

（1）城市主要干道和过境交通不得穿越邻里，而应是邻里的边界。

（2）邻里内部道路的布置应设计和建设成为尽端式和曲线形，并采用轻荷载路面，使内部保持安静、安全和低交通量的居住气氛。

（3）邻里的人口应与维持一个小学的规模相适应。

（4）邻里的中心建筑是小学，它与其他为邻里服务的设施一起放在中心公共场地或绿地上。

（5）邻里占地约160英亩（1英亩≈4046平方米），密度为10户/英亩。它的形状应考虑孩子步行上学都不超过0.5英里。

（6）邻里单位的服务设施有商店、教堂、图书馆和一个位于小学附近的社区中心。

邻里单位的理论得以实施还是在第二次世界大战以后，首先是在伦敦外围的卫星城中。著名的哈罗新城由4个居住区组成，每个居住区被划分为2~4个邻里单位。全城共有13个邻里单位。以后世界各地相继仿效。20世纪70年代，美国兴建的哥伦比亚新城仍然遵循这些原则，各个社区下分成若干邻里。巴黎周围的5个新城都是吸收邻里单位的基本原则发展起来的。

新中国成立初期，我们在居住区规划中也曾应用了邻里单位的经验，如上海的曹杨新村等。当时我们正全面学习前苏联，生活区多设计为"街坊"形式。周边式的街坊布置和单元式的住宅设计在不少城市产生广泛的影响。北京的三里河和百万庄的双周边布局的街坊，是从前苏联周边式街坊演变出来的。1956年为适应现代化生活和交通的需要，前苏联提出了小区的理论。这个理论迅速传到我国。"小区"一词即是由俄文直译过来的。它的设计原则是：

（1）被城市道路所包围的居住地段。

（2）有一套完善的日常使用的生活福利文化设施，包括一贯制学校、托幼儿园、饭馆、商店等。

（3）形成完整的建筑群，创造便于生活的空间。

前苏联最早的一个实验小区——莫斯科新契尔穆舍克区9号街坊体现了上述原则，但还保留了街坊的名称。而北京的第一个小区——夕照寺小区还能看出街坊中轴线和对称的布局手法。1959年前苏联组织了一次莫斯科西南区的住宅区规划方案的国际竞赛。这次竞赛对居住区规划设计产生深远的影响。这个试点居住区占地75公顷，要求住1.5万~2万人。方案中反映了居住区布局的特点：

（1）密切结合原有地形，建筑自由布置。

（2）居住区分若干小区，每一小区容纳 5000～6000 人；小区内分若干住宅组，每组有 1000～2000 人。

（3）居住区、小区和住宅组分别设相应的公共服务设施。

（4）车行与人行分成两个系统。居住区有完整的绿化系统沟通。

此后，小区规划的原则和手法在我国被普遍地采用，并不断地得到发展。

1. 居住环境

"物以类聚，人以群分。"一定数量的人住在一起形成了基层社会结构，因此研究居住环境必然涉及居住的社会性。

分析过去的社会环境，试看历史长期形成的街坊有其规律可循。热闹的大街上人群熙熙攘攘，具有浓厚的城市气氛，方便居民购物活动。进入街坊小巷则安静幽雅。住家内向，有自己的室内外生活空间，与外界隔离。小巷就是居民的社交场所。随着社会的进步和发展，居住形态也要发生变化。大家庭分裂成小家庭，封闭的独家独院为开放式的群居所代替。布局形式要适应变化了的居住形态。但是传统街坊所具有的环境质量，可以在我们的居住区规划中加以借鉴。首先是居住的社会性。居民的相互交往和作用是居住区赖以存在的基本因素。居住区建起来后，如果邻居们相邻不相往，长期不能形成牢固的社会结构，则不利于安定的生活。被称为"兵营式"、一排又一排、前后左右对齐的住宅布局之所以不好，除了给人以呆板、单调的感觉以外，问题还在于缺乏足够的场所供居民进行交往和休闲活动。因此要求规划师和建筑师寻求一种适合现代居住生活、有利于邻里交往的住宅布置形式。住宅分组团布置，便于形成内向庭院。住宅的单元入口开向内院，庭院要具有优美的室外环境和良好的生活空间，人们上下班都能见面，有事也好互相照顾，自然而然地形成一种亲和的邻里关系。我们不妨把组团的布置形式称为新型的"扩大了的四合院"。

居民委员会是实践中行之有效的一种群众自治组织。住宅组团的大小可因地制宜。在人口集中和建筑密度高的地方，每个组团可相当于一个居民委员会。也可以两个或两个以上的组团组成一个居民委员会。组团的形式也可多种多样。总之，规划的中心思想是为居民提供良好的居住环境和邻里交往的场所。

良好的居住环境包含物质和精神两个方面。日照、通风、安静、安全、整洁、美观以至人际交往等条件既是生理上的需要，又是精神上的要求。例如，人们经常暴露在噪声的干扰之中，往往引起生理和心理的变态；突发性的噪声会使人情绪烦躁不安。要采取各种措施，包括防止噪声源迫近住宅、中小学、托幼儿园等设施。要妥善确定噪声源旁的建筑布置。在噪声源周围要设置绿化带或隔音墙等防护装置。

2. 空间环境

居住空间是城市空间的连续。城市生活必然会渗透到居住区里来，文化、教育、商业、娱乐等人际相互作用也会在这里经常进行。但居住空间毕竟有别于城市空间。从居民的环境心理分析，在居住空间里人们不但需要有人际交往和相互作用的场所，而且还要求有安逸、私密的小天地。在工作之余能安心学习、消遣、休息和从事家务活动，并且不受外界的干扰。集体与个体、暴露与隐蔽、公开与私密，在居住区里是交替存在着的。例如在炎热的夏天，回家洗完澡在院子里凉爽一番就不愿被人家看见；如果单身深夜回来，经过阴暗的小路担心有坏人袭击，就希望别人看见他，如此等等。

目前许多新建的居住区道路四通八达，人车到处穿行，安全得不到保障。任何人都可以大摇大摆地在居住区里进进出出，坏人在这里作案，不易引起注意，逃窜也很容易。

目前，居住区里往往存在着不少"剩余空间"。由于在规划设计中对这些空间未作精心的安排，因此使这些空间成了"消极的空间"。在这里，道路两旁脏物遍地，空地上野草丛生，特别是人迹罕到的旮旯往往成为藏污纳垢的地方。为此必须把"消极的空间"转化成为"积极的空间"，也就是在居住区规划设计和建设中要把剩余空间充分利用起来，并且把它置于居民的视线范围之内。要使这些空间真正成为美国建筑师、犯罪心理学家纽曼所说的"可以防卫的空间"。积极空间的开辟要密切结合人的活动需要和心理环境的特点，并且在规划方案中就能体现出来。比如居住区内部道路两旁应尽量布置对居民有积极作用的设施，如商店、文化站、管理处、绿地、住宅等等，使街道不仅是出行的通道，还是活跃的生活场所。这样人们乐于在此通行，并且对它有丰富多彩的感觉，即使晚间经过这里，也有一种安全感。如果街道两旁是高高的围墙，人们往往不愿在此久留，心里总想尽快地走完这段路。当临路的高大围墙（如锅炉房煤场）是不可避免时，也应在围墙与道路之间设置一些服务性建筑，或留出一条绿带，放些花架、座椅等设施，使消极空间变成为积极空间。

将居住区的空间划分为不同的层次，形成不同的领域，是一种较好的规划设计办法。当人们进入居住小区时便是第一层次，从小区进入住宅组团是第二个层次；然后进入自己的家，就是第三个层次了。这样居住空间便形成了序列：从公共空间（城市街道）→半公共空间（小区所有的空间）→半私有空间（组团所有的空间）→私有空间（首层住户的小院和住宅户内的空间）。如此层层深入，各有各的领域范围。同时在小区和组团的入口处设置有形或无形的遮拦，如围墙、花墙、门垛、门头、标志性建筑等，造成实际上和心理上的障碍，防止闲人任意入内。在这样的环境里老人有地方休息、聊天、锻炼身体，儿童有地方游戏玩耍，尽情欢跳，成年人也能各得其所。让所有空间都充满了生活气息，又令人感到安全舒适，那么居民就自然而然地产生主人翁自豪感。

3. 生活环境

居住区规划中必须充分地考虑居民的需要，妥善地、恰当地安排好各项生活服务设施，为他们提供方便的生活环境。人们的生活需要是多种多样、不断发展的，为此生活服务设施的设置，一定要充分满足人民生活水平的不断提高和商品经济的日益发展所提出的新要求。在规划中要掌握人的活动规律和日常行为轨迹，提出相应的对策，并且要留有余地。

我国目前还是一个发展中的国家，国民收入不高，产品还不够丰富。人们在选购耐用消费品时总要精打细算，哪怕距离远点还是到商品齐全的大型商场去挑选。小区内设置规模不大不小的百货商店往往无人问津。另一方面，商业、服务业的经营管理有其内在的规律性，有本身的合理规模、服务范围和布点要求。在强调为人民服务指导思想的同时，引进了竞争机制。国营商店与集市贸易同时并存，国营、集体、私营企业和个体户相互竞争，繁荣了市场，扩大了购买者的选择范围。这些变化必然要反映到规划中来。其次我国双职工多，他们的购物活动往往是利用下班的回家途中进行。所以沿城市道路布置商店这种传统手法在现代生活环境中还是适用的。这种布置方式不但使用方便，而且商店扩大了服务面，使顾客也有了更多的选择机会。为此这种充满城市气息的商业街至今仍为我国居民喜闻乐见的形式。再是人们出行的心理——"抄近路"，不愿走回头路。生活服务设施的布点要顺乎居民的流向和流线。对商业经营来说叫做"一步三市"——差一步就会影响营业效果。居住区中的自行车库如果位置安排不当，不是放在上下班必经之处，有的居民可能宁愿冒丢失的风险，把车放在楼道里，而不愿多走几步放在车库里。

在观察研究人的行为轨迹的时候，不难发现居民经常把他们住所附近的绿地当作室外生活空间。在这里，早上锻炼身体，傍晚散步聊天；青少年更喜欢在这里蹦蹦跳跳。因为离家近，使用效率比那些规模大、设施齐全的公园要高得多。调查还发现学龄前儿童最爱去玩的地方往往是他们的家门口——单元入口门。在这里他们一出门就能找到邻居的小朋友玩，大人在楼里也能看到他们，因此比较放心。

另外，要充分注意人口老龄化带来的新问题。众多的老人绝大部分时间要在居住区内度过。他们不甘寂寞，又怕吵闹；不愿呆在家里无所事事，又怕出去体力不济。要针对他们的特殊需要，为他们提供修身养心、文化娱乐、社会交往以及从事轻微体力和脑力劳动的设施和场所，让他们欢度晚年。

4. 交通环境

交通是维系城市生命的必要手段。如果我们把城市交通比喻为人体动脉的话，那么进入居住区、小区、组团的交通犹如支血管和微血管，组团内交通则是它的末梢。分析人的出行频率，可以看出比例最大的是上下班交通。居住区内的人车流量高峰也集中在上下班时间。其余的交通有外出购物、访亲问友、文化娱乐、逛街、上公园等等。因此，可以认为居住区交通主要是区内居民外出和归来的行为，当然也还有内部生活活动。规划的目标首先是要满足他们这方面的需要。

其次，居住区作为城市这个综合性、有机体的一部分，必然会有与此相关的交通引进来，如来访亲友的出租车、垃圾车、搬家车、救护车、运货车等的进入。较大规模的居住区，还可能有公共交通引入。居住区的交通环境必须同居住、生活环境综合进行规划，通盘考虑，采取特殊的处理方法。道路系统要功能明确，分清主次。居住区的道路要"顺而不畅"，使车辆和人流能顺利地到达目的地，但不要畅通无阻，避免城市交通任意穿越小区内部。进入组团的道路应该设计成"尽端式"，以防止无故人流和车辆闯入，从而保障环境的安静和居民的安全。

预期相当长的一段时间内自行车还会是居住区内重要的交通工具。自行车库是必要的生活服务设施。要探索多种有效形式的自行车库，并且妥善布局，让居民愿意去存放。

今后必然会有一定数量的轿车出现在居住区内，从国情出发不太可能在居住区内设置分散或集中的汽车库。为此应该经过分析，设置一定数量的汽车停车场地。与此同时，居住区的道路应有足够的宽度使各种车辆在高峰时能顺利通过，还要处理好人行与车行的关系，使其各得其所。

5. 建筑环境

建筑环境又称"人工环境"，主要是指组成空间环境的建筑实体所表达的风貌。房屋、围墙、门头、水塔、花坛、路灯、电杆、坐椅、垃圾箱、路面铺装以至人工栽培的树木花草，都可以组成建筑环境。规划师和建筑师的任务不但要通过建筑创作使环境具有美的风貌，而且还应使建筑环境具有个性，具有独特的风貌。

个性产生于特定的时间和空间条件下，它受时间和空间的限定。时间的观念要求我们理解生活是动态的。一方面它要继承历史的文脉、人情、风俗、习惯等等，另一方面又要反映时代的特征。20 世纪 80 年代的建筑必然反映当时的风格，而不是去抄袭以前的样式。生活是动态的。建筑环境要适应人们在活动时的感受。建筑空间的开放与围合、尺度与比例、对景与配景，都要从人的静止与移动的感受中去考察、去体验，寻找出最佳处理办法。

空间的观念是指"这个"空间区别于"那个"空间。每块用地都有它的特殊性。地形是平坦的还是起伏的；用地内有没有要保留的房屋、树木或管线；周围有哪些因素对规划有影响等等。同时要善于借鉴和吸收当地的建筑形式，加以发展变化。传统的建筑形式往往反映了当地的气候条件、材料条件、技术条件，居民的生产、生活方式和审美观点。

所以，形成居住区建筑环境的建筑布局和建筑形式必须以当时当地的特定条件作为依据，创造出自己的风格。一个小区、一个组团的建筑布局、建筑形式、建筑色彩，应在统一风格中求变化。这种统一的、独特的风格还应体现在建筑小品和绿化布置中。

关于建筑环境的识别性，人总是通过一定的形象去识别事物的。建筑物的体形、形式、色彩给人以较深刻的印象，最容易被人抓住。还可以运用符号学原理，突出某种标志，这种具有统一的、独特的、经过精心设计的建筑环境，将会给人以清晰而难忘的印象，达到识别的目的。

城市生态系统平衡

生态系统是一个由生物群落及其生存环境组成的动态系统。生态系统发展到成熟阶段，它的结构和功能处于相对稳定的状态，称为生态平衡。城市是人类为自身的生存而在自然环境的基础上建立的高度人工化的环境，是一个人工形成的动态系统。这个人工生态系统具有现代化的工业、交通、建筑物、园林及其他物质设施，为人类的物质和文化生活创造了良好的条件，通过人、技术和环境的相互作用，不断调整内部结构以保持其内在的和外部空间的动态平衡。不恰当的人工活动也会造成生态失调和破坏。工厂过度集聚、建筑过分密集、人口过于集中、交通拥挤、用水和能

123

源不足等，都将导致环境污染、生态失调、结构功能变异，以致破坏了生态平衡。

城市环境规划是预防、治理生态失调、结构变异，恢复和保持城市环境生态平衡而产生的理论和方法。城市规划的目的，是为整个城市居民提供一个社会生活、经济活动和生态环境不断保持动态平衡的空间环境。城市环境规划的目的和现代城市规划的目的是完全一致的，可以认为它是城市规划的组成部分。所谓保持动态平衡的城市空间环境，就是对城市社会、经济和生态诸因素，通过规划调节和实施，经常维持相互协调和稳定发展。例如，城市规划为居民创造一个享有物质和精神生活的社会环境，就是把对城市社会的分析研究的成果在城市社会地域结构上加以体现。这也是现代城市规划创始者们的理想。城市规划还要为城市各项经济活动提供有效率的生产环境，如建设有吸引力的投资环境，发挥城市聚集效益、生产力区位效益、土地效益以及规模经济效益等，都应通过空间组织予以体现。为居民创造一个最宜于工作和生活的生态环境，就是实现城市生态环境平衡的目的。

上述诸方面通过城市规划的手段予以组织，达到城市内部结构和空间的协调，形成最佳的地域结构和生态环境，取得社会的、经济的和生态的综合效益。传统的规划重视经济发展，忽视社会需要，把影响城市环境的因素视为孤立的具体的矛盾，采取具体的工程措施个别处理，使矛盾难以全面地解决。现代城市规划越来越认识到城市生态环境是一个联系着地域空间整体和城市长远利益的系统分析问题。它十分重视城市生态系统的平衡发展。这种崭新的概念对现代城市规划理论的发展具有重要的意义。

生态环境战略和空间发展体系

生态环境战略就是人类基于对生态环境的认识，对环境采取的行动和要达到的目标。从人类历史和进化的全过程来看，可分为4种战略：利用环境战略、保护环境战略、与环境合作战略及扩展环境战略。以上4种战略也可以说是人与环境相互关系的4个历史阶段，即过去、现在、将来和遥远的未来4个历史阶段。

（1）利用环境战略。这种战略是以人为中心，把自然环境看作是获取利润和财富的陪衬。在行动上则采用违背自然环境的技术，对自然资源无限制地开发，造成环境的破坏，物种的灭绝。城市空间一般采用集中同心圆式外延发展，目标是最大限度的生产，最小限度的经济消耗，对生活条件的改善则视为第二位的。这种战略已在许多发达国家的经验与教训中证实是过时了的，但目前有些国家还在应用。

（2）保护环境战略。这种战略产生于古时的"自然道德观"，对生态的保护有一定的认识。保护环境战略认为自然资源是有限的，没有环境人类就不能生存，因而保持环境十分必要，破坏环境是道德所不相容的。这种战略采取的行动主要是防治污染，限制自然资源的开发，保护有价值的地区；在空间上，采取分散发展的形式，其目的是为了得到较高的经济效益同时又能保持生态的平衡，使人类能生存下去。这种战略较前一种战略有了进步。但这种战略主要采取限制的态度，局限性较大，发展越来越受到限制。

（3）与环境合作战略。这种战略基于近代生态学的发展，生态学认为人与自然是共生的，有生命的有机物与自然是相互适应的，是不断创造、不断更新的。按照这些观点来考虑人类空间和经济活动的模式，才能出现一个新的更为高级的"人与环境系统"。这种战略采取的行动是实现相对独立的、不断循环的城市和工业过程，线性的定向发展体系，并以长期的自我更新，实现科学的生态观念为目的。

（4）扩展环境战略。这是一种在遥远的未来将实现的人类向太空发展的计划。基于对上述几种环境战略的认识，再来分析研究空间体系战略就有依据了。对于我国这样一个人口众多，平原地区只占全国总面积1/5，并在此集中了全国大部分城镇和人口，城市化还处于初始阶段的发展中国家，考虑城乡空间发展战略是很有现实意义的。从整体规划的角度来探索一个既适合于中近期发展又具有长远发展潜力的城乡空间体系是十分必要的。城市化的格局对整个国土环境将产生极大的影响。不应由于"离土不离乡"

的政策形成处处冒烟，到处是城市却又找不到城市的分散局面，任其自流，而应有引导地走相对集中的道路。那么怎样一种空间布局形式最适合发展呢？区域规划对理论的空间模式的研究（从事物的本质上，而不是外形上）就十分必要了。

事物总是千变万化的，任何一个规划都不能套用一种固定不变的模式。正因如此，首先必须了解城市形成的历史及其发展过程，产生的历史背景及其内在的基本规律，从时代变化及技术发展来分析其优缺点和适应性，进而分析研究区域内城镇体系的合理布局。因为城市的发展模式与区域发展模式二者是相辅相成的，因此在工作中应该结合起来考虑。

从区域环境的角度出发，由于近代外向型经济的发展和社会流通领域发展的要求，节点（极心）—走廊城市地带的形式是值得一提的。其基本思想是沿主要城市（中心城市）之间形成的交通走廊，线性的发展城市，形成一个串珠式的城市地带（而不是连绵的带形的城市地带），城市与城市之间保留有足够的绿色空间，满足未来人类大量游憩活动的需要，也可满足生产发展、城市扩展的需要。其实质是将未来人类集中活动的空间沿轴线相对集中起来，自成一个生态循环系统，而同时将由走廊与节点组成的网络之间的网眼地带的大片绿色空间保留下来，并保持其原有的自然面貌，与走廊地带组成一个大的自我更新的生态系统。这种模式符合城市适度分散又相对集中的要求，也能体现人与自然共生的原则。

在平原地区，这种线性的城市发展模式，可根据不同的城市和人口密度，编织成若干种基本的、大小形状不同的网络形式。在沿海地区，可随海港的发展组成线性的网络。在山区可根据自然地形的限制条件，因势利导，组成各种形式的城镇网络。总之，从保持城乡协调发展来看，适应性较强。

城市环境污染与治理

城市水资源和水污染控制

正在倾斜的摇篮

在地球上，居住着数以百万计的生物品系，小到细菌之类的微小生物，大至数吨重的哺乳动物以及高大的树木等。它们在这里繁衍生存，传种接代，构成了一个复杂而丰富多彩的世界，而这和水的联系是须臾不可分的。

水是一切细胞和生命组织的重要成分，是构成自然界一切生命的重要物质基础。拿人来说，60千克重的成人，体内水分就有40千克，占65%；一个5千克重的婴儿，水竟有4千克之多。在正常情况下，一个人一天需要2千克水，每天通过呼出水气、出汗、排尿和粪便等排出的水量与摄入的水量大致相等。人体失去6%的水分时会出现口渴、尿少和发烧，失水10%~20%将会昏厥，甚至死亡。对人来说，水比食物

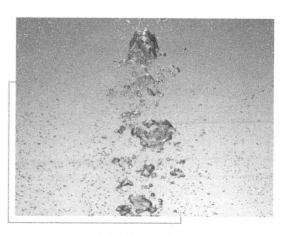

生命之源——水

城市生态与环境 ◆◆◆

更为贵重。一个人在饥饿时，可以损失 40% 的体重（相当人体内一半的蛋白质，全部的肝糖及脂肪）而不致毙命，但是如果损失了 20% 的水分，就将濒于死亡。

我国虽然江河纵横，湖泊众多，但水的人均占有量是世界人均量的1/4，可以说是 4 个人喝 1 个人的水，居世界第 88 位。我国水量分布很不平衡，南多北少，东多西少；四季水量也不均衡，年际间变化很大。目前，全国约有 5000 万人口和 4000 万牲畜的安全饮水存在问题，约有一半耕地经常受到干旱威胁。全国有 300 多个城市缺水，100 多个城市供水矛盾突出，地下水超采严重，部分水源受到污染。

1990 年中国城市人口占全国总人口的比例为 26%。到 2000 年中国城市人口已经达到 4.6 亿，约占当时总人口的 35%。城市人口迅速增长和工业化给许多城市的水资源和环境保护带来很大压力，20 世纪 90 年代我国缺水城市日缺水量达 1600 万立方米。另外，南方城市因水污染导致缺水量占这些城市总缺水量的 60% ~ 70%；尤其是北方和沿海城市缺水更严重。沿海城市人口增长、工业废水排放和水资源的过量开发将对海洋环境和淡水资源的供应构成威胁。

可怕的水污染

由于人类大规模的生产活动，在使用水的同时，也往往使某些有害的物质进入水体，引起天然水体发生物理和化学上的变化，这就叫水污染。水污染，古来即有之，人类一开始就习惯把污水、污物倾入水中。但那时污染物质数量少，种类单纯，都是自然界原本就有的东西，在水中容易得到分解和自净。自从人类脱离了刀耕火种的田园生活以后，尤其是进入新的城市和工业化社会以来，水污染的问题就日益严重和复杂了。一方面，由于城市人口和工业的高度集中，排出的污水、污物的量超过了水体的自净能力，使地球上的江河湖海受到日益严重的污染危害。据估计，全世界每年向水中排放 4000 多亿吨废水，使 5.5 万亿立方米的水遭受污染。在我国，随着城市人口增加和工农业生产的发展，污水排放量也日益增加，水体受到污染的情况相当严重。一般来说，当排入的污水量超过水体原水量的 1/8 时，这个水体就会受到严重污染。

另一方面，随着科学技术和工业生产的发展，使自然界原本没有的人工合成的各种化学物质大量增加。目前，世界上人工合成的化合物已超过 50 万种，并且每年还有几百种新的人工合成化合物被研制出来。所有这些化学物质，通过生产、应用各种途径进入水体造成污染。

城市水污染

已经查明其中能使生物发生突变的化学诱变剂就有数百种之多，一旦污染水体后，长期滞留在水环境中得不到衰减和清除，就会危害水生物和人体健康。

水污染按污染物质的类型可分为以下几种：

（1）病原体污染。1981～1986 年，医务人员发现，江苏省兴化县年患伤寒病的人竟占全县总人数的万分之一，而且多发生在中小学生和青壮年中。在调查这一暴发性疾病原因时医务人员发现，兴化县素有"锅底"之称，四邻的水汇向这里，水多是这个县的一大特点。乡镇企业大量污水污染水源，加上水上流动人口及农用化肥、农药、粪便直接污染饮用水源；有些养殖专业户为了夺得高产，甚至向河、湖中倒入粪便，为伤寒这类急性肠道传染病的扩散提供了条件。据对这个县调查，因喝生水而引起伤寒病传播的人占 75% 以上。这一事例说明，水污染可以导致伤寒这一类疾病的产生及传播。因为生活污水、畜禽饲养场污水、未经处理的医院废水以及制革、洗毛、屠宰场的废水中含有各种病原体，如病毒、病菌、寄生虫等。

（2）需氧物质污染。生活污水、牲畜污水、食品工业和造纸工业废水中，含有大量的碳水化合物、蛋白质、油质和木质素等。这些物质本身没有毒性，但在微生物的生物化学作用下容易分解，分解过程中消耗大量的氧，使水中溶解氧减少，影响鱼类和其他水生生物的生长。

（3）植物营养物质污染。生活污水、含洗涤剂的污水、食品及化肥工业的废水中，均含有磷氮等植物营养物质。农田肥用的氮磷肥料，牲畜粪便随地表径流进入水体，均为植物营养物质污染。

（4）石油污染。近几十年来，石油工业发展非常快，石油污染也引人注目。造成石油污染主要是油船和各种机动船只的压舱水、含油废水、洗船水、油井井喷、输油、蓄油设备的泄漏和炼油工业废水。全世界每年排入海洋的石油及其制品约 1000 万吨，为总产量的 1/200。

（5）热污染。发电厂和工矿企业向水中排放高温废水，使水体温度增加，溶解氧减少。据测，水温由 20℃升到 30℃时，氧在水中的溶解度下降 16%，升到 40℃时减少 29%。

（6）有毒化学物质污染。主要是重金属和难分解有机物的污染。这些物质在自然界中不易消失，可以通过食物链在人体富集，引起慢性中毒，骨痛病就是这类物质引起的公害病。

（7）无机物污染。包括酸、碱、无机盐类和无机悬浮物污染。酸污染主要来自矿山排水和轧钢、电镀、硫酸、农药等工厂的废水，它的腐蚀性很强，可以严重腐蚀排水管道、船只，影响农作物生长。

（8）放射性污染。放射性矿的开采、提炼废水，核动力厂冷却水、固体废弃物的处理都可能造成放射性污染。主要的放射性物质有锶、铯、碘。水中放射性污染物可附着在生物表面，也可以通过食物链在生物体内富集。长期接触低剂量的放射性物质，可能会引起癌症或遗传变异。

水对人类的价值来自各个方面，因而水污染造成的损失也是十分广泛的。水污染可导致疾病增加，生物资源受损，生产设备遭腐蚀或被堵塞，产品质量下降，净化费用增长，并降低水体作为风景、观光、文化娱乐及体育活动的价值。据《1995 年中国环境状况公报》可知：1995 年我国江河湖库水域普遍受到不同程度的污染，除部分内陆河流和大型水库外，污染呈加重趋势，工业发达城镇附近的水域污染尤为突出。据监测，1995 年七大水系中的主要污染指标为氨氮、高锰酸盐指数、挥发酚和生化需氧量。大、中城市下游河段的大肠菌群污染明显加重。

1995年，全国废水排放总量（未含乡镇工业）356.2亿吨，其中工业废水排放量222.5亿吨，工业废水中含化学需氧物770万吨，重金属排放量1823吨，砷排放量10840吨，氰化物排放量为2504吨，挥发酚排放量6366吨，石油类排放量64341吨，悬浮物排放量808吨，硫化物排放量4.3万吨。

水污染治理

面对水污染这一"污龙"的挑衅，我国环保工作者与科技工作者一刻也未停止对其的"降治"。近几年，在水污染防治技术上取得一定成果。历时5年的"甲基汞污染综合防治与对策研究"，在1995年取得可喜成果，这项研究是国务院环委会1987年下达的课题，目的是查清汞与甲基汞的迁移转化规律，拿出汞与甲基汞污染综合防治措施与对策。1990年初，吉林、黑龙江两省90位科技工作者开始这项研究。他们通过对松花江水体、鱼类和沉积物进行系统监测与评价，探明了江水、鱼蚌类、沉积物的汞污染水平，以及汞、甲基汞的迁移转化规律及归宿，并从生态食物链入手，结合人群健康效应研究，查清了松花江甲基汞污染对沿江人民危害的程度与范围，提出了重点防治区域、综合防治对策及污染源管理办法。

这项研究所独创的二次富集、高灵敏度PPT级超痕量甲基汞测试方法，较准确地测定了甲基汞在鱼体中的富集倍数。这一技术已在珠江、长江、黄河等河流得到很好的验证。在切断汞源的前提下，科研人员首次提出了沉积物中汞含量的预测模型，并以此对松花江的吉林至三岔河口江段作了预测。结果表明，该江段的沉积汞到2040年方可接近自然背景值含量。另一项突破是在沉积物甲基汞的释放速率研究方面，改国际上惯用的静态法，在动态状况下，做了江水带

污水处理厂

131

走沉积物释放甲基汞的模拟，从而使研究沉积物释放甲基汞速度及其影响因素更接近实际状况。

1996年初，"长江中下游浅水湖生态渔业研究"通过专家鉴定。该研究课题由中国科学院院士陈宜瑜主持，中科院下属的水生生物研究所、南京地理与湖泊研究所、武汉植物研究所和测量与地球物理研究所50余位科研人员以湖北省洪湖、东湖，江苏省东太湖等湖泊为对象，开展了草食性鱼类与水草的动态平衡及资源合理开发研究、水生植被的恢复与伊乐藻——草鱼圈养复合生态系统的建设、主要经济鱼类群落结构优化、名优水产品养殖技术和大水面鱼病监测与生态防治5个专题的研究工作。

5年来，科研人员在东太湖顺利实现夏季的浮叶植物与秋冬季的沉水植物的交接，在东湖成功地恢复和重建了9个水生植物群落，为我国湖泊生态打下了一个良好基础。在我国湖泊生态学研究中，该课题首次运用了GPS（全球定位系统）技术对采样点精确定位，辅助野外考察；运用GIS（地理信息系统）技术研究湖泊渔业开发利用对水生植被的影响；运用RS（遥感）技术估算沉水植物生物量。这为今后运用高新技术进行更为科学、有效的湖泊管理提供了基本经验。

洗衣粉是生活污水中的重要成员，目前，无磷洗衣粉是国际潮流，我国的一些生产厂家也开始追赶这一潮流。目前国内生产的洗衣粉大多含有三聚磷酸钠，以保证洗衣粉的去污功效，但另一方面，这一成分随污水排放到地面水体中，可造成水体富营养化，使水生浮游植物（藻类）等，在短时间内大量繁殖，从而造成水质恶化。据有关专家分析，我国目前年生产洗衣粉200万吨，如果按平均15%含磷计算，每年就会有7万吨的磷排放到地面水中，而1克的磷就可使藻类生长100克。藻类大量繁殖，水质变坏，会使鱼类无法生存。

随着家庭洗衣机的普及，洗衣粉用量越来越高。现在我国居民人均年消费洗衣粉2.4千克，若不及早制定洗衣粉的环保标准，巨大的洗衣粉市场将给我国的水环境带来较大的影响。目前，欧洲无磷洗涤剂的比例正稳步上升，只有英国、西班牙、法国市场上还有低磷洗涤剂出售，其他诸国几乎实现了无磷化。可以预料，无磷洗涤剂必将完全占领世界市场，这是一种发展趋势。而我国目前也有十多家工厂开始生产无磷洗衣粉，技术条件已经成熟，对无磷洗衣粉进行环境标志认证工作正在进行。

各类水污染的防治对策

由于大量污水的排放，我国的许多河川、湖泊等水域都受到了严重的污染。水污染防治已成为我国最紧迫的环境问题之一。根据发生源的不同，水污染主要分为工业水污染、城市水污染和农村水污染。对各类水污染应分别采取如下基本防治对策。

1. 工业水污染防治对策

在我国总污水排放量中，工业污水排放量占60%左右。工业水污染的防治是水污染防治的首要任务。国内外工业水污染防治的经验表明，工业水污染的防治必须采取综合性对策，从宏观性控制、技术性控制以及管理性控制3个方面着手，才能受到良好的整治效果。

（1）宏观性控制对策

首先在宏观性控制对策方面，应把水污染防治和保护水环境作为重要的战略目标，优化产业结构与工业结构，合理进行工业布局。目前我国的工业生产正处在一个关键的发展阶段，应在产业规划和工业发展中，贯穿可持续发展的指导思想，调整产业结构，完成结构的优化，使之与环境保护相协调。工业结构的优化与调整应按照"物耗少、能源少、占地少、污染少、运量少、技术密集程度高及附加值高"的原则，限制发展那些能耗大、用水多、污染大的工业，以降低单位工业产品或产值的排水量及污染物排放负荷。积极发展第三产业，优化第一、第二与第三产业之间的结构比例，达到既促进经济发展，又降低污染负荷的目的。在人口、工业的布局上，也应充分考虑对环境的影响，从有利于水环境保护的角度进行综合规划。

（2）技术性控制对策

技术性控制对策主要包括：推行清洁生产、节水减污、实行污染物排放总量控制、加强工业废水处理等。

①积极推行清洁生产：清洁生产是通过生产工艺的改进和改革、原料的改变、操作管理的强化以及废物的循环利用等措施，将污染物尽可能地消灭在生产过程之中，使废水排放量减少到最少。在工业企业内部加强技术改造，推行清洁生产，是防治工业水污染的最重要的对策与措施。这不仅可以从根本上消除水污染，取得显著的环境效益，而且还可以带来巨大的经济效益和社会效益。

②提高工业用水重复利用率：减少工业用水量不仅意味着可以减少排污量，而且可以减少工业新鲜用水量。因此，发展节水型工业对于节约水资源，缓解水资源短缺和经济发展的矛盾，同时减少水污染和保护水环境具有十分重要的意义。同国外经济发达、工业先进的国家相比，我国大部分工厂水的浪费现象仍然十分严重。

因此，在工业行业节约用水十分重要，并具有很大的潜力。工业节水措施可分为3种类型：技术型、工艺型与管理型。这三种类型的工业节水措施可从不同层次上控制工业用水量，形成一个严密的节水体系，以达到节水同时减污之目的。

工业用水的重复利用率是衡量工业节水程度高低的重要指标。提高工业用水的重复用水率及循环用水率是一项十分有效的节水措施。电力、冶金、化工、石油、纺织、轻工为我国六大重点用水部门，也是重点节水部门。应在这些部门重点开展节水工作，根据国外先进水平及国内实际状况，规定各种行业的水重复利用率的合理范围，以促进提高水的重复利用和循环利用水平。

③实行污染物排放总量控制制度：长期以来，我国工业废水的排放一直实施浓度控制的方法。这种方法对减少工业污染物的排放起到了积极的作用，但也出现了某些工厂采用清水稀释废水以降低污染物浓度的不正当做法。污染物排放总量控制是既要控制工业废水中的污染物浓度，又要控制工业废水的排放量，从而使排放到环境中的污染物总量得到控制。实施污染物排放总量控制是我国环境管理制度的重大转变。它将对防治工业水污染起到积极的促进作用。

④促进工业废水与城市生活污水的集中处理：在建有城市废水集中处

理设施的城市，应尽可能地将工业废水排入城市下水道，进入城市废水处理厂与生活污水合并处理。但工业废水的水质必须满足进入城市下水道的水质标准。对于不能满足标准的工业废水，应在工厂内部先进行适当的预处理，使水质满足标准后，方可排入城市下水道。实践表明，在城市废水处理厂集中处理工业废水与生活污水能节省基建投资和运行管理费用，取得更好的处理效果。

（3）管理性控制对策

进一步完善废水排放标准和相关的水污染控制法规和条例，加大执法力度，严格限制废水的超标排放。健全环境监测网络，在不同层次，如车间、工厂总排出口和收纳水体进行水质监测，并增强事故排放的预测与预防能力。

2. 城市水污染防治对策

我国城市基础设施落后，城市废水的集中处理率目前不足 10%。大量未经妥善处理的城市废水肆意排入江河湖海，造成严重的水污染。因此，加强城市废水的治理是十分重要的。

（1）将水污染防治纳入城市的总体规划

各城市应结合城市总体规划与城市环境总体规划，将不断完善下水道系统作为加强城市基础设施建设的重要组成部分予以规划、建设和运行维护。对于旧城区已有的污水/雨水合流制系统应做适当的改造。新城区建设应在规划时考虑配套建设雨水/污水分流制下水道系统。应有计划、有步骤地建设城市废水处理厂。城市废水厂的建设是解决城市水污染的重要手段。

（2）城市废水的防治应遵循集中与分散相结合的原则

一般来讲，集中建设大型城市废水处理厂与分散建设小型废水处理厂相比，具有基建投资少、运行费用低、易于加强管理等优点。但在人口相对分散的地区，城市废水厂的服务面积大，废水收集与输送管道敷设费用增加，适当分散治理可以减少废水收集管道和废水厂建设的整体费用。此外，从废水资源化的需要来看，分散处理便于接近用水户，可节省大型管道的建设费用。因此，在进行城市废水处理厂的规划与建设时，应根据实际情况，遵循集中与分散相结合的原则，综合考虑确定其建设规模。

（3）在缺水地区应积极将城市水污染的防治与城市废水资源化相结合

随着世界城市化进程加快，许多城市严重缺水，特别是工业和人口过度集中的大城市和超大城市，情况更加严重。例如，美国洛杉矶、得克萨斯州、亚利桑那州、内华达州的一些城市，墨西哥的墨西哥市，我国的大连、青岛、天津、北京、太原等城市普遍缺水。因此，在水资源短缺地区，在考虑城市水污染防治对策时应充分注意与城市废水资源化相结合，在消除水污染的同时，进行废水再生利用，以缓解城市水资源短缺的局面，这对于我国北方缺水城市尤有重要意义。如北京市在城市污水防治规划中考虑了城市污水的回用需求，污水处理厂的位置是根据回用的需要决定的，这便于就地消纳净化出水，以缓解北京市水资源的紧张状况。

（4）加强城市地表和地下水源的保护

由于大量污水的排放，许多城市的饮用水源都受到了不同程度的污染。调查资料表明，我国约17%的居民的饮用水中有机污染物浓度偏高。淮河流域一些城镇的饮用水大部分不符合卫生标准。城市水污染的防治规划应将饮用水源的保护放在首位，以确保城市居民安全饮用水的供给。

（5）大力开发低耗高效废水处理与回用技术

传统的活性污泥法城市污水处理工艺虽然能有效地去除污水中的有机物，但具有基建费大、运行费较高等缺点，往往为我国经济实力所不胜负担。此外，该工艺还不能有效地去除污水中的氮、磷等营养物质。

因此，必须根据各地情况，因地制宜地开发各种高效低耗的新型废水处理与回用技术。例如，厌氧生物处理技术、生物膜法、天然净化系统等。尽可能地降低基建投资，节省运行费用，以更快地提高城市污水的处理率，有力地控制水污染。

3. 农村水污染防治对策

最常见的农村水污染是各类面污染源，如农田中使用的化肥、农药，会随雨水径流流入地表水体或渗入地下水体；畜禽养殖粪尿及乡镇居民生活污水等，也往往以无组织的方式排入水体。其污染源面广而分散，污染负荷也很大，是水污染防治中不容忽视而且较难解决的问题。应采取的主要对策如下。

（1）发展节水型农业

农业是我国的用水大户，其年用水量约占全国用水量的80%。节约灌溉用水，发展节水型农业不仅可以减少农业用水量，减少水资源的使用，同时可以减少化肥和农药随排灌水的流失，从而减少其对水环境的污染，此外，还可节省肥料。因此，具有十分重要的意义。农业节水可以采取的各种措施有：

①大力推行喷灌、滴灌等各种节水灌溉技术；②制定合理的灌溉用水定额，实行科学灌水；③减少输水损失，提高灌溉渠系利用系数，提高灌溉水利用率。

②合理利用化肥和农药

化肥污染防治对策有：改善灌溉方式和施肥方式，减少肥料流失；加强土壤和化肥的化验与监测，科学定量施肥。特别是在地下水水源保护区，应严格控制氮肥的施用量；调整化肥品种结构，采用高效、复合、缓效新化肥品种；增加有机复合肥的施用；大力推广生物肥料的使用；加强造林、植树、种草，增加地表覆盖，避免水土流失及肥料流入水体或渗入地下水；加强农田工程建设（如修建拦水沟埂以及各种农田节水保田工程等），防止土壤及肥料流失。农药污染防治对策有：开发、推广和应用生物防治病虫害技术，减少有机农药的使用量；研究采用多效抗虫害农药，发展低毒、高效、低残留量新农药；完善农药的运输与使用方法，提高施药技术，合理施用农药；加强农药的安全施用与管理，完善相应的管理办法与条例。

③加强对畜禽排泄物、乡镇企业废水及村镇生活污水的有效处理

对畜禽养殖业的污染防治应采取以下措施：合理布局，控制发展规模；加强畜禽粪尿的综合利用、改进粪尿清除方式、制定畜禽养殖场的排放标准、技术规范及环保条例；建立示范工程，积累经验逐步推广。对乡镇企业废水及村镇生活污水的防治应采取以下措施：对乡镇企业的建设统筹规

划，合理布局，并大力推行清洁生产，实施废物最少量化；限期治理某些污染严重的乡镇企业（如造纸、电镀、印染等企业），对不能达到治理目标的工厂，要坚决关、停、并、转，以防治对环境的污染及危害；切合实际地对乡镇企业实施各项环境管理制度和政策；在乡镇企业集中的地区以及居民住宅集中的地区，逐步完善下水道系统，并兴建一些简易的污水处理设施，如地下渗滤场、稳定塘、人工湿地以及各种类型的土地处理系统。

废水处理的基本方法

废水中污染物多种多样，从污染物形态分，有溶解性的、胶体状的和悬浮状的污染物。从化学性质分，有有机污染物和无机污染物。有机污染物从生物降解的难易程度又可分为可生物降解的有机物和不可生物降解的有机物。废水处理即是利用各种技术措施将各种形态的污染物从废水中分离出来，或将其分解、转化为无害和稳定的物质，从而使废水得以净化的过程。根据所采用的技术措施的作用原理和去除对象，废水处理方法可分为物理处理法、化学处理法和生物处理法三大类。

1. 废水的物理处理法

废水的物理处理法是利用物理作用来进行废水处理的方法，主要用于分离去除废水中不溶性的悬浮污染物。在处理过程中废水的化学性质不发生改变。主要工艺有筛滤截留、重力分离（自然沉淀和上浮）、离心分离等，使用的处理设备和构筑物有格栅和筛网、沉砂池和沉淀池、气浮装置、离心机、旋流分离器等。

（1）格栅与筛网

格栅是由一组平行的金属栅条制成的具有一定间隔的框架。将其斜置在废水流经的渠道上，用于去除废水中粗大的悬浮物和漂浮物，以防止后续处理构筑物的管道阀门或水泵受到堵塞。筛网是由穿孔滤板或金属网构成的过滤设备，用于去除较细小的悬浮物。

（2）沉淀法

沉淀法的基本原理是利用重力作用使废水中重于水的固体物质下沉，

从而达到与废水分离的目的。这种工艺处理效果好，并且简单易行。因此，在废水处理中应用广泛，是一种重要的处理构筑物。在废水处理中，沉淀法主要应用于：①在沉砂池去除无机砂粒；②在初次沉淀池中去除重于水的悬浮状有机物；③在二次沉淀池去除生物处理出水中的生物污泥；④在混凝工艺之后去除混凝形成的絮凝体；⑤在污泥浓缩池中分离污泥中的水分，浓缩污泥。

（3）气浮法

用于分离比重与水接近或比水小，靠自重难以沉淀的细微颗粒污染物。其基本原理是在废水中通入空气，产生大量的细小气泡，并使其附着于细微颗粒污染物上，形成比重小于水的浮体，上浮至水面，从而达到使细微颗粒与废水分离的目的。

（4）离心分离

使含有悬浮物的废水在设备中高速旋转，由于悬浮物和废水质量不同，所受的离心不同，从而可使悬浮物和废水分离的方法。根据离心力的产生方式，离心分离设备可分为旋流分离器和离心机两种类型。

2. 废水的化学处理法

化学处理法是利用化学反应来分离、回收废水中的污染物，或将其转化为无害物质，主要工艺有中和、混凝、化学沉淀、氧化还原、吸附、离子交换等。

（1）中和法

中和法是利用化学方法使酸性废水或碱性废水中和达到中性的方法。在中和处理中，应尽量遵循"以废治废"的原则，优先考虑废酸或废碱的使用，或酸性废水与碱性废水直接中和的可能性。其次才考虑采用药剂（中和剂）进行中和处理。

（2）混凝法

混凝法是通过向废水中投入一定量的混凝剂，使废水中难以自然沉淀的胶体状污染物和一部分细小悬浮物经脱稳、凝聚、架桥等反应过程，形成具有一定大小的絮凝体，在后续沉淀池中沉淀分离，从而使胶体状污染物得以与废水分离的方法。通过混凝，能够降低废水的浊度、色度，去除高分子物质，呈悬浮状或胶体状的有机污染物和某些重金属物质。

（3）化学沉淀法

化学沉淀法是通过向废水中投入某种化学药剂，使之与废水中的某些溶解性污染物质发生反应，形成难溶盐沉淀下来，从而降低水中溶解性污染物浓度的方法。化学沉淀法一般用于含重金属工业废水的处理。根据使用的沉淀剂的不同和生成的难溶盐的种类，化学沉淀法可分为氢氧化物沉淀法、硫化物沉淀法和钡盐沉淀法。

（4）氧化还原法

氧化还原法是利用溶解在废水中的有毒有害物质，在氧化还原反应中能被氧化或还原的性质，把它们转变为无毒无害物质的方法。废水处理使用的氧化剂有臭氧、氯气、次氯酸钠等，还原剂有铁、锌、亚硫酸氢钠等。

（5）吸附法

吸附法是采用多孔性的固体吸附剂，利用同一液相界面上的物质传递，使废水中的污染物转移到固体吸附剂上，从而使之从废水中分离去除的方法。具有吸附能力的多孔固体物质称为吸附剂。根据吸附剂表面吸附力的不同，可分为物理吸附、化学吸附和离子交换性吸附。在废水处理中所发生的吸附过程往往是几种吸附作用的综合表现。废水中常用的吸附剂有活性炭、磺化煤、沸石等。

（6）离子交换法

离子交换是指在固体颗粒和液体的界面上发生的离子交换过程。离子交换水处理法是利用离子交换剂对物质的选择性交换能力去除水和废水中的杂质和有害物质的方法。

（7）膜分离

可使溶液中一种或几种成分不能透过，而其他成分能透过的膜，称为半透膜。膜分离是利用特殊的半透膜的选择性透过作用，将废水中的颗粒、分子或离子与水分离的方法，包括电渗析、扩散渗析、微过滤、超过滤和反渗透。

3. 废水的生物处理法

在自然界中，栖息着巨量的微生物。这些微生物具有氧化分解有机物并将其转化成稳定无机物的能力。废水的生物处理法就是利用微生物的这一功能，并采用一定的人工措施，营造有利于微生物生长、繁殖的环境，使微生物大量繁殖，以提高微生物氧化、分解有机物的能力，从而使废水中的有机污染物得以净化的方法。根据采用的微生物的呼吸特性，生物处理可分为好氧生物处理和厌氧生物处理两大类。根据微生物的生长状态，废水生物处理法又可分为悬浮生长型（如活性污泥法）和附着生长型（生物膜法）。

（1）好氧生物处理法

好氧生物处理是利用好氧微生物，在有氧环境下，将废水中的有机物分解成二氧化碳和水。好氧生物处理效率高，使用广泛，是废水生物处理中的主要方法。好氧生物处理的工艺很多，包括活性污泥法、生物滤池、生物转盘、生物接触氧化等工艺。

（2）厌氧生物处理法

厌氧生物处理是利用兼性厌氧菌和专性厌氧菌在无氧条件下降解有机污染物的处理技术，最终产物为甲烷、二氧化碳等。多用于有机污泥、高浓度有机工业废水，如啤酒废水、屠宰厂废水等的处理，也可用于低浓度城市污水的处理。污泥厌氧处理构筑物多采用消化池，最近20多年来，开发出了一系列新型高效的厌氧处理构筑物，如升流式厌氧污泥床、厌氧流化床、厌氧滤池等。

（3）自然生物处理法

自然生物处理法即利用在自然条件下生长、繁殖的微生物处理废水的技术。主要特征是工艺简单，建设与运行费用都较低，但净化功能易受到自然条件的制约。主要的处理技术有稳定塘和土地处理法。

4. 废水处理工艺流程

由于废水中污染物成分复杂，单一处理单元不可能去除废水中全部污染物，常需要多个处理单元有机组合成适宜的处理工艺流程。确定废水处理工艺的主要依据是所要达到的处理程度。而处理程度又主要取决于原废水的性质、处理后废水的出路以及接纳处理后废水水体的环境标准和自净能力。

（1）城市废水的一般处理工艺流程

其主要任务是去除城市废水中含有的悬浮物和溶解性有机物。一般处理工艺流程，根据不同的处理程度，可分为预处理、一级处理、二级处理和三级处理。

①预处理：主要工艺包括格栅、沉砂池，用于去除城市污水中的粗大悬浮物和比重大的无机砂粒，以保护后续处理设施正常运行并减轻负荷。

②一级处理：一级处理一般为物理处理，主要去除污水中的悬浮状固体物质。悬浮物去除率为50%～70%，有机物去除率为25%左右，一般达不到排放标准。因此一级处理属于二级处理的前处理。主要工艺为沉淀池。

③二级处理：二级处理为生物处理，用于大幅度去除污水中呈胶体或溶解性的有机物，有机物去除率可达90%以上，处理后出水BOD可降至20～30毫克/升，达到国家规定的污水排放标准。主要工艺有活性污泥法、生物膜法等。

④三级处理：在二级处理之后，用于进一步去除残存在废水中的有机物和氮磷，以满足更严格的废水排放要求或回用要求。采用的工艺有生物除氮脱磷法，或混凝沉淀、过滤、吸附等一些物化方法。

（2）工业废水的处理工艺流程

由于工业废水水质成分复杂，且随行业、生产工艺流程、原料的变化而变化，故没有通用的工艺流程。

城市废水资源化

1. 城市废水资源化的意义

近20年来，经济的持续快速发展和人口的膨胀加剧了对水的需求，造成世界范围水资源短缺。水资源短缺威胁着人类的生存和发展，已成为全球人类共同面临的最严峻的挑战之一。

为解决困扰人类发展的水资源短缺问题，开发新的可利用水源是世界各国普遍关注的课题。城市废水水质、水量稳定，经处理和净化以后可以作为新的再生水源加以利用。世界上不少缺水国家把城市废水的资源化作为解决水资源短缺的重要对策之一，围绕城市废水的资源化与再生利用开展了大量的研究，包括废水回用途径的分析与开拓，废水资源化工艺与技术研究，回用水水质标准的建立，回用水对人体健康的影响，促进废水资源化的政策与管理体系等。

城市废水如不加以净化，随意排放，将造成严重的水环境污染。如将城市废水的净化和再生利用结合起来，去除污染物，改善水质后加以回用，不仅可以消除城市废水对水环境的污染，而且可以减少新鲜水的使用，缓解需水和供水之间的矛盾，为工农业的发展提供新的水源，取得多种效益。许多国家和地区把城市废水再生水作为一种水资源的重要组成，对城市废水的资源化进行了系统规划。例如，美国佛罗里达州的南部地区、加利福尼亚州的南拉谷那、科罗拉多州的奥罗拉、沙特阿拉伯、意大利及地中海诸国等。实践表明，城市废水经处理后可以满意地用于农业、城市和工业等领域。作为缓解水资源短缺的重要战略之一，城市废水资源化显示出光明的应用前景。

2. 废水资源化途径与再生水水质标准

（1）废水资源化途径

根据城市废水处理程度和出水水质，经净化后的城市废水可以有多种回用途径。大体可分为城市回用、工业回用、农业回用（包括牧渔业）和地下水回灌。在工业回用中，主要可用作冷却水；城市回用中有城市生活杂用水、市政与建筑用水等；农业用水则主要是灌溉用水。

（2）再生水水质标准

对于城市废水的回用工程，最重要的是再生水的水质要满足一定的水质标准。回用对象不一样，所规定的标准也不一样。以下介绍几种废水回用途径及相应的水质标准。

①回灌地下水。再生水回灌地下蓄水层作饮用水源时，其水质必须满足或高于国家生活饮用水卫生标准（GB 5749—85）。美国加利福尼亚州卫生署于1976年制定了再生水回灌地下水的建议水质标准，1977年进一步对水质标准进行了修订。考虑到难生物降解有机物对地下水质影响以及对人体健康的危害，除一般常规监测指标外，还要求对苯、四氯化碳等20种有机物和6种农药有机物进行监测。

②工业回用。再生水的工业回用主要有3个方面：回用作冷却水、工艺用水以及锅炉补给水。回用作冷却水的再生水水质应满足冷却水循环系统补给水的水质标准；回用作工艺用水时，由于工艺的不同，水质也千差万别，应根据不同工业的不同工艺，满足其相应的水质标准；用作蒸汽锅炉补给水的水质与锅炉压力有直接关系。再生水往往需要经过补充处理后才能适用于锅炉补给水。

③农业回用。再生水的农业回用主要用于灌溉。通常对灌溉用水的水质要求为：应不传染疾病，确保使用者和公众的卫生健康；不破坏土壤的结构与性能，不使土壤退化或盐碱化；不使土壤中的重金属和有害物质的积累超过有害水平；不得危害作物的生长；不得污染地下水。为了使再生水回用农业的水质符合以上要求，以保障人民身体健康，促进农业持续发展，世界卫生组织以及各国均制定了污水灌溉农田的水质标准。我国最新颁布了"农田灌溉水质标准（GB 5084—92）"。

3. 城市废水资源化实例

作为解决水资源短缺的重要对策之一，国内外对城市废水的资源化与回用都十分重视，并取得了许多成功的经验。以下列举一些废水资源化的成功实例，以供我国广大缺水地区在探索、研究和推广废水资源化中借鉴和参考。

（1）美国的废水再生与回用

美国城市废水的再生与回用起步较早。全美有再生水回用点536个，其中加州有238个。下面介绍美国废水再生与回用的几个实例。

①加利福尼亚州橘子县21世纪水厂再生水回灌地下：该城市由于超量

开采地下水，造成地下水位低于海平面，促使海水不断流向内陆，致使地下淡水退化不宜饮用。为防止地下水位下降造成海水入侵，美国加州橘子县早在1965年就开始研究将三级处理出水回灌地下，以阻止海水入侵。橘子县为此兴建了"21世纪水厂"，该厂设计能力为5678立方米/天。原水为城市污水二级处理出水，进一步经沉淀、过滤和活性炭处理后回灌地下水。由于回灌地下总溶解性固体的限制为500毫克/升，因此一部分再生水在回灌地下水之前还采用反渗透法进行了脱盐。21世纪水厂的净化水通过23座多点注入管井分别注入4个蓄水层，与深层蓄水层井水以2:1的比例混合以阻止海水的入侵。该项工程表明：人工控制海水入侵是可行的；城市废水经深度处理后能够达到饮用水水质标准；工程经长期运行证明稳定、可靠。

②佛罗里达州圣彼得斯堡的废水再生与回用：该市是城市废水回用的先驱之一。1978年实施了双配水系统，供给用户两种质量的水（饮用水和非饮用水），再生水开始用于非饮用水目的的使用。1991年该市向7000多户家庭及办公楼提供再生水8×10^3立方米/天，并用做公园、操场、高尔夫球场灌溉用水以及空调系统冷却水和消防用水。该市共有4座废水处理厂，总处理能力达270×10^3立方米/天，采用活性污泥生物处理工艺，并附加有铝盐混凝、过滤及消毒处理，双管输水系统管道共长420千米。通过10口深井将多余的再生水注入盐水蓄水层，一年间平均约有60%的再生水注入深井。由于使用再生水，节约了优质水，因此尽管该市人口增加了10%，但饮用水仍能满足供应。

③亚利桑那州派洛浮弟核电站回用再生水作冷却水：该核电站是美国最大的核电站。第一期三个反应堆分别于1982、1984及1986年投产，每个发电能力为1270兆瓦。此外拟再建二个反应堆。核电站地处沙漠，严重干旱，因此采用再生水作为冷却水。再生水来自二座城市废水处理的二级生物处理出水。输至核电站再经补充处理，使之达到所需水质。该核电站采用冷却水系统，补给水约200×10^4立方米/天。

（2）日本的废水再生与回用

日本近20多年来在废水再生和利用方面进行了大量研究开发和工程建设。1986年城市废水回用量达6300×10^4立方米/年，占全部城市废水处理量的 0.8%。再生水主要回用于中水道、工业用水、农田灌溉、河道补给水等。各种用途及其所占的比例为：中水道系统为 40%、工业用水 29%、农业用水 15%、景观与除雪 16%。中水道系统是日本污水回用的典型代表。1988 年日本共建有中水道 844 套，其中办公楼、学校为大户。学校占18.1%、办公楼占 17.3%、公共楼房占 9.2%、工厂占 8.4%。中水道再生水主要用于冲洗厕所（占 37%）、冲洗马路（占 16%）、浇灌城市绿地（占15%）、冷却水（占 9%）、冲洗汽车（占 7%）、其他（景观、消防等）为 16%。

（3）其他国家的废水再生与回用

世界上第一座将城市废水再生水直接用作饮用水源的回收厂设在纳米比亚的首都温德和克市。该回收厂于 1968 年投产，第一阶段产水量为 2300立方米/天，正常处理能力可达 4500 立方米/天，以后增至 6200 立方米/天。水为城市废水厂二级生物处理出水，处理流程如下：

深度处理水的水质经严格的水质监测，证明符合世界卫生组织（WHO）及美国环保局发布的标准。以色列属半干旱国家。再生水已成为该国的重要水资源之一。100% 的生活废水和 72% 的城市废水已经回用。据 1987 年资料，全国废水总量 832.5×10^8 立方米，处理量达 2.18×10^8 立方米，处理率接近 90%。再生水用作灌溉达 1.046×10^8 立方米（占 42%），回灌地下为 0.7×10^8 立方米（占 29% 左右），排海水量 0.7×10^8 立方米（占 29%左右）。废水处理后贮存于废水库。全国共修建 127 座废水库，其中地面废水库 123 座，地下废水库 4 座。废水进行农业灌溉之前一般通过稳定塘系统处理。有些城市将城市二级生物处理出水，再经物化处理后回用于工业冷却水。此外，废水经深度处理后回灌地下水，再抽出至管网系统，或并入国家水资源调配系统，输送至南部地区，或用于一般供水系统，最南部地区甚至将它作为饮用水源。

由于采取了上述废水回用的措施，以色列大大提高了水资源的有效利用率，从而缓和了水资源短缺对社会经济发展的制约作用。科威特利用经三级处理后的城市废水进行农业灌溉。印度目前至少有 200 个农场利用城市废水进行灌溉，面积达 23000 公顷。

（4）我国的废水再生与回用

我国长期以来有利用生活污水用于灌溉农田的经验。先后开辟了1042多个大型污水灌溉区。在我国北方干旱地区，利用污水灌溉农田，可充分利用其水肥资源发展农业生产，确实收到了一定效果。但由于一些污灌区地址选择不当，设计不合理，废水预处理不够，又缺乏水质控制标准和及时的监测，出现了土壤、农作物及地下水的严重污染，威胁着人体健康和安全。若干年前，曾开展大规模的污灌区环境质量综合评价工作，研究与制定了污水灌溉与污泥用于农田的各项环境标准与规定，已将污水农业利用引向科学的道路。由于我国不少地区，如北方地区水资源紧缺，迫切需要把城市废水作为第二水源加以回收利用，实现废水资源化。为此，国家组织了有关开发城市废水资源化工艺的科技攻关，研制成套技术设施，建立示范工程，并逐步推广应用。攻关内容包括工业回用、市政景观利用的水质预处理技术、水质标准、卫生安全评价、中小城镇和住宅小区污水回用技术的研究等。一些成果已在天津纪庄子污水处理厂改造工程中应用，并在天津、太原、大连等城市建设了污水回用工程。例如，大连春柳废水处理厂的二级生物处理出水经深度处理后用于冷却水；太原杨家堡废水处理厂采用生物填料接触氧化池处理城市污水用于冷却水；北京高碑店热电厂亦将高碑店污水处理厂的出水作为冷却水水源。经过十多年来的努力，我国在城市废水资源化以及回用方面取得了一定的成绩，为今后更大范围的推广应用奠定了坚实的基础。随着我国城市废水处理厂的普及与兴建，废水再生利用规模和速度亦将迅速发展。

流域或区域水污染综合防治对策

水环境是一个复杂的大系统，水污染防治必须着眼于整个流域或区域。《中华人民共和国水污染防治法》第10条也明确规定：防治水污染应当按流域或者区域实行统一规划。随着社会经济的快速发展和大量污水的肆意排放，我国许多河流和湖泊受到不同程度的污染。污染严重的代表性河流有"三河"（淮河、辽河和海河）和"三湖"（滇池、太湖和巢湖）。开展这些河流和湖泊的水污染防治的综合规划与整治是十分重要的和迫切的，已成为国家水环境保护和污染防治的重要内容。

我国流域水污染的防治开始于20世纪80年代。第一松花江流域的水污染防治在"六五"期间取得了较大的成果。目前，"三河"和"三湖"的水污染综合防治规划也在积极进行和实施之中。在进行流域或区域水污染防治规划时，应注意考虑以下问题：

（1）全面分析和调查流域或区域水环境问题以及水污染现状，制定流域或区域水污染综合防治对策

首先要了解该流域或区域待解决的水环境问题和类型。因此，需对流域或区域的水环境问题进行全面分析，详细调查流域各河流段的水质现状、污染源类型（工业、农业和生活污染源，点源和面源）、排放负荷及其时空分布，并确定优先控制顺序。

（2）明确保护目标

对流域或区域中所有的水体均应按功能进行水体划分，并按不同的水质标准要求，确定保护目标。特别应把城市饮用水源地的保护放在首位，划定分级保护区。在饮用水源地保护区内严禁从事一切污染水源的工程项目建设、旅游活动、生产活动及其他活动，以确保饮用水源的水质及人民的健康安全。

（3）应注意防治地下水的污染

应加强地下水污染的防治。据统计，全国饮用地下水的人口占82%。目前，普遍存在的地下水位下降和水质恶化问题直接危及全国大多数人饮用水的安全供给。应根据各地区的水文地质条件，对地下水资源进行合理开采，实行地面水和地下水的联合调控，有条件的地区进行人工回灌地下水。严格控制各类工农业污染源，包括点源和面源对地下水的污染。

（4）把水污染防治和水资源利用结合起来

我国是一个水资源匮乏的国家，应充分注意水资源的合理和有效利用。水污染防治规划中应与水资源利用有机地结合，根据该流域或区域社会经济的近期发展和远期规划对水资源的需求，对水量和水质进行统筹考虑和规划，以保证国民经济的可持续发展。同时应积极推行废水资源化。

（5）应按流域或区域实行污染物排放总量控制

根据流域或区域水体的环境容量确定允许排入水体的污染物总量，再按总体规划分配至各污染源，确定其最大允许排污总量。根据允许的污染物排放总量，各地环境保护部门可要求各排污单位限期治理，发放排污许可证，并通过对污染物排放量的监测确保水体的环境质量。

（6）制定污染物总量削减方案

对流域或区域的各类污染源，应制定合理的污染物总量削减措施和方案，迅速、有效地削减排入水体的污染物总量。在污染物总量削减方案的制定过程中，应注意贯穿污染全过程控制的指导思想，从淘汰落后工艺、调整工业结构，加强技术改造、完善企业管理措施，强化区域环境管理措施，实施清洁生产，综合利用与综合治理，区域集中控制等 6 个方面，进行综合考虑。

149

城市大气污染与治理

跨越国界的污染

19 世纪末至 20 世纪初，欧洲画坛勃起一支新流派——印象派，并迅速称雄于世界画坛。然而，即使是画坛大师也很少有人清楚，印象派的兴起竟与大气环境污染有极密切的渊源。印象派的名称，源于法国著名画家莫奈的名画《日出印象》。这是莫奈到英国首都伦敦的斯敏斯特教堂完成的写生油画。画面上，云遮雾绕中的大教堂那哥特式风格的屋顶若隐若现，给人一种朦胧的美感。

然而，油画在伦敦展出时却遭

大气被污染的城市

到非议。人们常见的雾都是灰白色的，而《日出印象》却把雾霭涂成了紫红色。画坛名家们纷纷指责莫奈在绘画色彩上标新立异、愚弄观众。可是，当议论纷纷的观众走出展览大厅时，一个个顿时瞠目结舌。原来，他们意外地发现，人们司空见惯的伦敦上空的雾果然如同《日出印象》那样是紫红色的，而并非是灰白色的。莫奈不愧是画坛名家，他经过仔细观察，注重研究光和色彩之间的微妙变化，终于使《日出印象》成为开创画坛一代流派的传世之作。但是为什么原来灰白色的雾却变成了紫红色呢？这恰恰是伦敦林立的烟囱所排放的大量煤烟混杂在水汽中，形成了污染严重的烟雾使阳光发生折射和散射而形成的。《日出印象》也可说是世界上第一幅凭直观印象反映大气污染的油画。

大气对人类生存具有非常重要的意义。一个成年人每天大约要呼吸 10 立方米的空气，在总面积达 60~90 平方米的肺泡组织上进行气体的吸收和交换，以维持正常的生理活动。10 立方米空气相当于 13 千克，充足和洁净的空气对人体健康是时刻不可缺少的。地球大气的总质量约为 6000 万亿吨。大气的厚度一般认为超过 1000 千米，其中人类赖以生存的大气层主要是地面往上 10~12 千米范围内的那一部分，即人们常说的对流层，是地壳的组成部分。

大气污染来源主要有 3 个方面：①生活污染源，包括饮食或取暖时燃料向大气排放有害气体和烟雾；②工业污染源，包括火力发电、钢铁和有色金属冶炼，各种化学工业给大气造成的污染；③交通污染源，包括汽车、飞机、火车、船舶等交通工具的煤烟、尾气排放。

大气污染的危害

我国大气污染属煤烟型污染，以粉尘和酸雨危害最大，污染程度在加重。由于大气受到污染，一些地区开始形成酸雨区。我国的酸雨区主要分布于长江以南、青藏高原以东地区及四川盆地。华中地区酸雨污染最重，其中心区域酸雨年均 pH 值低于 4.0，酸雨频率在 80% 以上。西南地区以南充、宜宾、重庆和遵义等城市为中心的酸雨区，近年来有所缓减，但仅次于华中地区，其中心地区年均 pH 值低于 5.0，酸雨频率高于 80%。华东沿海地区的酸雨主要分布在长江下游地区以南至厦门的沿海地区，该区域酸雨污染强度较华中、西南地区弱，但区域分布范围较广，覆盖苏南、皖南、浙江大部及福建沿海地区。华南地区的酸雨主要分布于珠江三角洲及广西的东部地区，重污染城市降水年均 pH 值在 4.5 ~ 5.0 之间，中心区域酸雨频率在 60% ~ 90% 的范围。广西地区的酸雨污染较普遍，除南部滨海地区，大部分地区酸雨频率在 30% 以上，酸雨区沿湘桂走廊向东西扩展，东与珠江三角洲相连。

大气污染的因素

空气是无色、无臭、无味的混合气体，主要由氧、氮、氩组成（占99.96%），二氧化碳、臭氧、水蒸汽、氖、氦等含量很少。一般情况下，它们在空气中的组成是保持相对恒定的，正常情况下空气是清洁的。然而由于人类的生产和生活活动，向大气中排出了许多物质，引起空气成分改变，对人类和其他生物产生不良影响。二氧化硫、飘尘、氮氧化物、碳氢化物、一氧化碳、二氧化碳等是排放到大气中的主要污染物。

一切含硫燃料在燃烧过程中都产生二氧化硫。二氧化硫为刺激性气体，易溶于水，几乎全部被上呼吸道吸收，对眼、上呼吸道粘膜有强烈刺激作用。在潮湿的空气中能与水分子结合形成亚硫酸、硫酸，使其刺激作用增强。二氧化硫在空气中的本底值（未受污染的大气组分含量）是 0.0002 克/吨，当空气中二氧化硫浓度达 0.3 ~ 1 克/吨时，多数人就会感觉出来；达到 3 克/吨时，就有特殊的刺激气味；达到 8 克/吨时就会感到难受；20 克/吨时可引起眼结膜炎、急性支气管炎；极高浓度时可致声门水肿、肺水肿和呼吸道麻痹。二氧化硫通过气孔进入植物叶子，破坏叶子内部组织，造成叶子变黄、卷叶，以致植物倒伏。二氧化硫排放进入大气后还可形成酸雨。酸雨使水质酸化，导致水生态系统变化，浮游生物死亡，鱼类繁殖受到影响。酸雨危害森林，破坏土壤，使农作物产量降低。酸雨还腐蚀石刻、建筑。

一氧化氮是一种无色无臭的气体，它在常温下很容易跟空气中的氧化合生成棕色、有刺激气味的二氧化氮。二氧化氮在空气中的本底值大约是

0.001 克/吨。二氧化氮有毒，空气中含量为 0.1 克/吨时，即可嗅到它的臭味；含量在 150 克/吨以上对人的呼吸器官就有强烈刺激作用，引起肺水肿，严重者可致肺疽，有生命危险。二氧化氮遇水便形成硝酸。酸雨就是水和硫酸、硝酸的混合物。

人为排放氧化物的重要原因是燃料在燃烧过程中助燃空气里的氮和氧在高温条件下作用生成一氧化氮，一氧化氮再氧化即成二氧化氮。例如汽油机和柴油机中油料燃烧后，汽缸里排出的气体中一氧化氮浓度可达 4000 克/吨；汽车加速时尾气中一氧化氮浓度可达 6000 克/吨；火力发电厂废气中的一氧化氮含量也可达到 1000 克/吨以上。而且燃烧温度越高，一氧化氮生成量越大。

从工厂烟囱排出来的高浓度氮氧化物是棕色气体，人们称之为黄龙。二氧化氮不但本身有毒，它在紫外线作用下还会产生臭氧。

工厂烟囱

一氧化碳是一种对血液神经有害的毒物，主要来自煤和石油的燃烧。一氧化碳进入体内，经肺泡进入血循环，主要与血红蛋白结合，导致肌体组织缺氧。实验表明，浓度大约为 100 克/吨的一氧化碳会使人产生昏眩、头痛或其他中毒症状。燃料不完全时会产生大量一氧化碳。供氧不足的燃烧称作贫氧燃烧，产物即以一氧化碳为主。二氧化碳本身是没有毒性的，人体呼吸吐出的就是二氧化碳。但二氧化碳浓度的不断增加，对全球的气候却产生了不容忽视的影响。二氧化碳气体有一个特性，就是能够吸收红外光。

太阳辐射到地球上的可见光除少部分通过植物的光合作用将能量转换并贮存以外，大部分被云层、飘尘和地面反射回空间。反射是以红外光的形式进行的，但空气中二氧化碳气体却阻拦变成红外光的热能反射离开地表，于是地表附近的二氧化碳气体就起到了类似温室玻璃的作用，阳光可以射到温室里来，热量却散发不出去。这种"温室效应"能使地表低层大气温度升高，地表变暖。据调查，19世纪大气中二氧化碳浓度是290克/吨，现已达320克/吨以上。1885~1940年间，地球表面平均温度确实上升了0.6℃。有人认为，如果大气中二氧化碳继续增加，则50~100年内地球上的气温将升高好几度，赤道附近的干旱地区将大幅度扩大。而寒带和极地的冰川大量融化，几百年后海平面将升高5~10米，世界气候将发生灾难性的变化。

大气污染的治理

人类活动导致全球大气层的主要变化及环境问题可以归结为3个方面：①大气中温室气体增加导致气候变化；②大气臭氧层破坏；③酸雨和污染物的越界输送。为了保护全球大气环境，改善本国的环境质量，一些国家在治理大气污染方面制定了新的计划。1996年，英国政府宣布实施为期10年的"全国空气质量战略"计划，以使下个世纪英国的空气变得清新。据统计，英国约20%的车辆造成了80%的汽车废气污染。为此，英国政府将授予地方政府权力以监督污染严重的汽车，地方政府将有权拦截这些汽车并起诉车主。地方政府还将有权封锁空气污染严重地区的交通，对进入市中心的车辆实施检证制等。汽车排放的废气是目前英国空气污染的罪魁祸首，治理汽车废气污染已势在必行。英国环境部说，空气污染每年使3000多英国人丧生，仅用于治疗因空气污染而引起的疾病的医疗费用每年就达23亿英镑。

我国已加入联合国《气候变化框架公约》和修正后的《关于消耗臭氧层物质的蒙特利尔议定书》，并已在制定履行这些国际公约和议定书的国家行动方案。我国已颁布了《中华人民共和国大气污染防治法》，防止大气污染和保护大气层是一项长期任务。

我国的资源特点和经济发展水平决定了以煤为主的能源结构将长期存在，控制煤烟型大气污染将是我国大气污染控制的主要任务。其次，是注意和控制机动车辆的尾气排放。目前，在大气污染控制和酸雨防治方面存在的主要问题有：

几乎所有城市都存在烟尘污染问题，冬季的北方城市尤为严重。全国二氧化硫排放量逐年增长，并形成南方大面积酸雨区，已发现对森林、土壤、农作物和建筑造成危害。先进实用的控制技术仍十分缺乏，脱硫技术目前仅限于试验及示范工程，尚未大规模实际应用。中小型工业锅炉和炉窑的烟尘治理技术尚需有新的突破，适合我国国情的致酸物质实用控制技术也十分缺乏。工业化起点低，生产规模小，污染物排放量大。如大电厂中小型发电机组的发电煤耗高出发达国家约30%；大量中小型水泥厂的水泥排尘量在3.5千克/吨的水平。

工业企业技术改造相当困难，过去20年全面进行技术改造的企业只占20%左右，而真正达到先进生产技术和现代管理水平的更少。历史欠账多，资金缺口大。对我国老的工业企业污染进行治理，费用至少需要2000亿元左右，筹集这样一笔资金是困难的，对于这类企业的污染治理必须走技术改造、清洁生产或产业结构和布局调整的道路。已经颁布的排放标准实施不力，主要是缺乏资金，缺乏测试设备，管理手段也不配套。适于我国大气污染控制的宏观调控政策运行机制尚未形成；现有政策制度尚未形成完善的体系，缺乏协调，限制了政策、制度在大气污染控制管理中的作用，缺乏有效的能源价格机制和环境经济政策。

能源生产和消费是我国大气污染的主要来源。因此提高能源效率和节能、洁净煤技术、开发新能源和可再生能源、机动车污染控制以及工业污染防治等方面的防治措施是治理大气污染的有效方法。

提高能源效率和节能

我国属能源高消费的国家。我国的能源工业面临两方面的挑战，既要满足经济发展对能源的需求，又要同时考虑大气环境保护的因素。《中国21世纪议程》把提高能源效率和节能，作为可持续发展战略的关键措施。我国正在实行从传统的计划经济向市场经济的转变、从粗放型经济向集约型经济转变，必将大大推进能源效率的提高和节能。

为实施"坚持资源开发与节约并重，把节约放在首位"的能源发展战略，我国不仅注意充分发挥市场对资源配置的基础性作用，还利用政府的宏观调控职能，研究制定了相应的法规、政策和规划。1996 年 5 月国家科委、国家经贸委和国家科委联合制定了《中国节能技术政策大纲》，提出各行业节能技术方向和目标。随后又联合推荐 106 项重点推广节能科技成果。1996 年 9 月，国家经贸委支持的"中国绿色照明工程"全面启动，在全国范围内组织实施。1997 年 11 月，《节约能源法》颁布实施。在制定节约能源的决策和规划时，中国政府把技术进步和环境保护放在重要位置。

目前，节能领域的国际交流与合作空前活跃。我国在高效电光源、洁净煤技术等方面，进行了广泛的人员、信息交流和技术、经济合作；引进了电力需求侧管理、综合资源规划等适合市场的经济的规划和管理立法；利用世界银行等国际组织和外国政府提供的优惠贷款和赠款，建设了一批节能、新能源开发和教育培训等项目，提高能源效率和节能将在大气污染防治中起越来越重要的作用。

通常用能源消耗强度衡量一个国家经济的能源效率。能源消耗强度可以定义为单位国内生产总值所消耗的初级能源。自 1980 年以来，我国在全国范围内广泛开展了卓有成效的节能活动，实施有助于结构和技术变化的各项政策，对能源消耗强度的降低起到了决定性的作用。到目前为止，中国的能源消耗强度下降了 50%，每年约下降 4.5%。

我国能源消耗强度的降低主要归功于工业能源效率的提高。影响工业能源效率提高的因素有：①结构性因素，即对中间及最终产品和服务的需求变化。它被认为是推动工业能耗降低的主要动力，据估算，以产品种类的变化为主导的工业结构调整占工业能源消耗强度下降总量的 70%。②技术性因素，即产品生产及服务中技术的变化和能源管理。它对工业能源消耗强度的下降也起到了重要作用。

虽然我国的能源消耗强度已有了大幅度下降，但仍是世界上单位能源消耗最高的国家之一。1995 年我国的能源消耗强度是美国的 4 倍左右，工业在我国经济中的作用大于日本和美国，而我国的工业仍过分依赖于低效率、小规模的生产方式，且能源技术，特别是能源密集型产业和主要能源消耗设备的效率还远远落后于西方工业化国家。

我国的节能重点为：

①燃煤电厂。据统计，1995年全国共有燃煤机组2910单元，其中装机容量小于100兆瓦者占81.5%，数量众多的小机组是导致供电煤耗居高不下和大气污染的主要原因。

②工业锅炉。工业锅炉的煤炭消耗量约占总耗煤量的30%，是节能潜力最大的终端用能设备。现在我国约有50万台工业锅炉，平均容量仅为2.4吨/小时，77%以上的锅炉小于4吨/小时。减少这些量大面广的小锅炉，不仅可使低矮污染源对局部地区环境质量的影响减小，为集中进行二氧化硫排放控制创造条件，也将使工业锅炉的平均热效率显著提高。如果工业锅炉的平均热效率提高到OECD国家的目前水平，中国在1995年能源使用上的一次性节能量可达 7000×10^4 吨标准煤，减少二氧化硫排放量约 110×10^4 吨。

③钢铁工业。钢铁工业的能耗占中国总能源使用量的10%左右。在钢铁工业的能源消费量中，煤和焦炭占74.7%。对于重点钢铁工业，能耗最高的工序依次为炼铁、电炉炼钢和焦化。钢铁工业的主要节能措施包括降低铁钢比、推行连铸、减少平炉钢、推广高炉喷煤粉。近年来，由国家专项贷款和企业自筹的钢铁工业节能技术改造投资每年达1亿元以上。

④建材工业。建材工业能源消费量占全国煤炭消费量17%以上，也是节能潜力较大的工业部门。在许多情况下提高能源效率和节能是减少污染物排放的最有效方法。并且，在所有污染防治技术中节能是最经济的方法，不但减少了温室气体的排放，还节约了能源，具有相当大的经济效益。

开发清洁能源和可再生能源

目前，在世界能源消费结构中，石油占40%，煤炭占27%，天然气占23%。但是随着人们对环境与资源保护意识的提高，能源结构将会有较大的改变。优质、高效、洁净的能源（如天然气、风能、太阳能等）在 21 世纪将有长足的发展，这种能源取代的本质是能源的开发利用从资源型向技术型转化的过程，从粗放式利用向高效率利用的转变进程，从污染环境到保护环境的提高过程。

1. 世界清洁能源的发展

目前，世界上发展较快的清洁能源主要是地热能、风能、太阳能、天然气等。

（1）地热能

地热能量相当于地球上全部煤贮量的 1.7 亿倍，而且地热电站一般不需要庞大的燃料运输设备，也不排放烟尘。地热蒸汽发电排放到大气中的二氧化碳量远低于燃气、

地热能

燃油、燃煤电厂。但地热电站释放的 HS_2 等有害气体对大气也会造成一定程度的污染，其含盐废水、噪音以及因其而造成的地面沉降等（虽不严重），也形成了一定的危害。

（2）风能

风是地球上潜力巨大的能源，如能将地球上 1% 的风能利用起来，即可满足整个人类对能源的需求。风力发电是目前增长最快的能源，1996 年全球风电装机容量增长了 26%，达到 6070 兆瓦。促使风力发电飞速增长的原因在于发电成本的不断下降，到 2000 年，风能的发电成本已然降至每度 4~5 美分，这将使风力发电成为世界上最便宜的能源。尽管目前风能所提供的电量还不足全球总发电量的 1%，但它将很快成为人类可靠的动力来源之一。可以相信在不远的将来，数以万计的风轮机将出现在风能资源丰富的地区，并能满足这些地区所需能量的 20%~30%。

（3）太阳能

太阳能是取之不尽、用之不竭的清洁能源，但急需经济实用的太阳能

风　能

利用技术。

（4）氢能技术

氢能技术目前尚处于研究开发阶段，预计2030年可推广应用。

（5）核能

快中子繁殖堆处于示范阶段，预计2010年商业化；核聚变已进入工程涉及阶段，预计2050年后可能商业化。

（6）燃料电池

燃料电池的研究尚处于示范阶段，预计21世纪初商业化。

2. 中国清洁能源的发展

（1）天然气

中国的天然气生产潜力巨大，据"九五"规划，到2000年天然气产量要达到 255×10^8 立方米。天然气生产主要集中在3个地区：①陕甘宁地区，现已探明天然气储量为 2300×10^8 立方米，其含气范围还在进一步扩大；②四川东部地区，现已探明天然气储量为 2000×10^8 立方米；③新疆地区，过去5年中探明天然气储量为 1600×10^8 立方米。此外，在青海东部的涩北地区，也发现了一个新气田，已探明储量为 500×10^8 立方米。

（2）水电

目前中国所有可再生能源资源中，只有水力发电发挥了重要作用。与目前世界上一些国家的水电的开发情

水电站

况相比，中国的水能资源理论蕴藏量居于世界首位，但是目前开发率很低，仅有总蕴藏量的6.5%。尽管如此，近40年来中国的水力发电工业已逐步走向高速发展的轨道，水电装机容量年增长率高达12.2%。1998年中国的电力装机容量为270吉瓦，其中水电装机容量占24.4%，有64吉瓦左右，几乎为除煤以外其他能源发电能力的总和。

中国的电力工业在未来一段时期内，将大大增加对水力资源的利用。大力开发西部水能资源，建设西南、西北水电基地，加大"西电东送"的力度。在电力规划中曾提出到2010年水电装机容量达到总装机容量（530～560吉瓦）中的30%的目标。长江三峡大坝完工后，中国的水力发电能力已增加1.82×10^7兆瓦。中国正在建设另外一些水力发电项目，使水力发电继续成为中国仅次于煤的主要电力来源。

（3）太阳能和风能

中国，特别是其西部地区的太阳能资源也十分丰富。中国陆地上每年接收的太阳能能量达5.6×10^{22}焦，相当于1.9×10^{12}吨标煤。中国有2/3的地区年平均日照时间超过2000小时。中国风能资源的理论储量可达16×10^8千瓦，实际可利用量为2.5×10^8千瓦，有非常大的发展潜力。其中，中北部、西北部平原和东南沿海地区的风能资源十分丰富。此外，许多边远农村地区，特别在山区，可以开发风能资源供当地使用。

（4）生物质能

生物质能是中国最大的再生能源资源之一。生物质能包括稻草和林木种植以及农作物副产品（如谷壳、刨花和甘蔗渣等）。国家计划委员会估计，发展生物质能用于高效燃烧发电技术，每年能节省1.2×10^8吨煤。厌氧发酵产生沼气是生物质能的另一种应用形式。估计目前中国有600万个生物发酵池，大多数是给附近的农户提供燃气。

（5）核能

中国从20世纪80年代开始制定了发展核电的技术路线和技术政策，1991年中国自主建造的秦山核电厂实现并网发电，1994年上半年，广东大亚湾核电站投入满功率运行。这两座核电厂的建成，标志着中国核电的起步。中国的核电发展潜力还很大，目前除了已建成和在建的核电站以外，已经完成初步可行性研究或已进行预评审的厂址达 10 余个，可容纳 40～50 台机组，预示着未来 20 年内核电装机容量将会迅速增加。

控制酸雨和二氧化硫污染的举措

酸雨污染是发生在较大范围的区域性污染，酸雨控制区应包括酸雨最严重的地区及其周边二氧化硫排放量较大的地区。而二氧化硫污染集中于城市，污染的主要原因是局部地区大量的燃煤设施排放二氧化硫，故二氧化硫污染控制区应以城市为基本控制单元。考虑到酸雨和二氧化硫污染特征的差异，及实施可持续发展战略的要求，1998 年 1 月中华人民共和国国务院批准两控区总面积约为 109×10^4 平方千米，占国土面积的 11.4%，其中酸雨控制区面积约为 80×10^4 平方千米，占国土面积的 8.4%，二氧化硫污染控制区面积约为 29×10^4 平方千米，占国土面积的 3%。国务院批准的两控区控制目标为：到 2000 年排放二氧化硫的工业污染源达标排放，并实行二氧化硫排放总量控制；有关直辖市、省会城市、经济特区城市、沿海开放城市及重点旅游城市环境空气二氧化硫浓度达到国家环境质量标准，酸雨控制区酸雨恶化的趋势得到缓解。到 2010 年，二氧化硫排放总量控制在 2000 年排放水平以内；城市环境空气二氧化硫浓度达到国家环境质量标准，酸雨控制区降水 pH 值小于 4.5 的面积比 2000 年有明显减少。

中国对国际上现有脱硫技术的一些主要类型都进行了研究和装置试验，少数引进国外的脱硫工艺已在可靠、有效地运行。现阶段我国电站锅炉脱硫的可用技术有煤炭洗选和烟气脱硫技术，工业锅炉和窑炉的可用技术有型煤固硫技术、洗后煤替代原煤和流化床燃烧技术。

机动车污染控制

机动车污染与机动车保有量、燃料利用率、燃料性能及交通状况等诸多因素密切相关。随着机动车保有量的迅速增加和城市化进程的加快，中国一些大城市的大气污染类型正在由煤烟型向混合型或机动车污染型转化，机动车尾气排放已经成为主要城市的重要污染源。

1. 中国机动车排气污染特点

与世界平均水平相比，中国的汽车化程度仍然较低。但是由于城市道路建设的速度落后于机动车保有量的增加，交通拥挤一直困扰着大城市。中国主要城市中机动车行驶速度低，在北京市城市中心区高峰期的车速自20世纪80年代以来一直在下降，城市街道交通堵塞不仅造成无效益的等候浪费时间，而且造成燃料的无效利用，使大气污染更加严重。

在市中心区低速行驶情况下的油耗是在高速公路上自由行驶时油耗的两倍。若车速从 20 千米/小时降为 15 千米/小时，油耗会因此增加 25%。因此，交通堵塞的代价是高昂的。为系统评估中国机动车的单车尾气排污水平，国家环境保护总局组织了典型在用轻型车、重型柴油发动机和摩托车排放因子的试验检测。造成中国机动车污染程度高的部分原因是汽车设计落后，尾气排放标准不够完善。此外，中国燃料性能差也是造成机动车污染的主要原因之一。目前，中国汽油供应中大约有50%不含铅，但其中大多数为低标号汽油，主要用于低压缩比的卡车，或者是供出口用的高级汽油。国内供应的 90 号或更高级别的汽油仅占汽油总消耗量的 20%。中国含铅汽油中平均含铅量为 0.12 克/升，低于亚洲国家的平均水平（0.15 克/升），但高于国际标准（0.08 克/升）。

中国柴油质量低劣，稳定性低，芳香族成分含量高，从而造成柴油车颗粒物与烟气的排放水平高。另外，中国柴油中硫的含量也偏高。

2. 控制机动车污染的措施

日益增长的城市人口和家庭收入导致汽车占有量的上升，转而产生更大的旅行嗜好和更多的对道路的需求。日益增加的工商业活动使更多的服务车辆投入城市街道，并且增加货物运输的交通量。面对上升中的交通需求和增长中的负面影响，城市应当重新审查交通需要，协调各方面因素，实现城市的可持续发展。

（1）调整交通需求

土地利用和交通综合战略有可能在不增加汽车交通需要的情况下，使得人们更加方便地到达工作地点、商店和其他设施。各种研究报告指出，在居住密度比较高以及工作和住所比较平衡的城市，人们外出的次数少、行程短，可以更多地步行或骑车。以欧洲和日本城市为例，在密度很高的核心区内，居民全部外出行动的 30% ~ 60% 可以步行或骑自行车。与之相反，澳大利亚和美国分散型的城市则鼓励依靠汽车。

由于城市继续趋向分散，公共交通系统的建设费用和运作费用高昂到使人无法接受，而且分散的居住模式使得公共交通系统对一般乘客很不方便。因此，人口密度小的城市平均每户拥有汽车数量多于人口密度大的城市。

为了保证既满足居民的需要，又控制机动车的保有量，进行合理的城市规划，调整交通需求是最有效的途径之一。

（2）清洁油品

车用燃料对车辆排放有很大影响，故要有计划地改善燃油品质。1995年修改后的《中华人民共和国大气污染防治法》规定："国家鼓励、支持生产和使用高标号的无铅汽油，限制生产和使用含铅汽油。"国家环保局受国务院委托组织了有关 12 个部委，成立了"国家淘汰车用含铅汽油协调小组"，起草了《关于限期停止生产销售使用车用含铅汽油的通知》。要求1999 年 7 月 1 日起，直辖市、省会、特区等重要城市汽油无铅化；2000 年 1月 1 日起，汽油生产企业停止生产含铅汽油；2000 年 1 月 1 日起，汽车制造企业生产的新车技术均适用无铅汽油。同时，北京市、上海市和广州市已经开始实施了汽油无铅化，天津、沈阳等大城市也拟定了汽油无铅化的目标。迄今为止，已有 9 个省提前实行了汽油无铅化。

改善油品质量的措施还包括取消低辛烷值汽油、提高汽油辛烷值、引进使用汽油发动机清洁剂等。已经在许多国家得到开发的一些低污染的碳氢化合物燃料包括液化石油气（LPG）、液化天然气（LNG）、甲醇、乙醇和生物气体，也是城市机动车可供选择的清洁燃料。

目前我国已制定了一系列加气站、贮气罐、接口等国家标准，并计划选择 3 ~ 5 个试点城市，推广清洁燃料汽车的使用。预计这项计划将很快实施。此外，对于特殊种类车辆，通过替代燃料技术可以获得较好的环境效益，如北京市出租汽车仅占总保有量的6% ~7%，但其排放的 CO 却占总排放的36%，因此可通过对这部分车采取代用燃料技术来减少污染排放。

（3）清洁汽车

为了减少和控制汽车的污染排放，国内外开发了不少有效的净化措施，这些净化措施主要包括：

①机内净化。机内净化控制技术是汽车排放控制技术的主要方法之一。该措施是从有害排放物的生成机理出发，对空燃混合气的燃烧方式和过程进行改进，控制其有害物的产生。例如，电子控制燃油喷射、电子点火等措施，是机内净化的有效方法；采用汽油机直接喷射实现分层燃烧，不但可以减少排气污染，而且能提高燃油经济性；通过改变燃烧室的形状、减少燃烧室的面容比、提高燃烧室的壁面温度、改变化油器的结构和调整，也能起到减少发动机排气中有害成分的作用。但是，机内控制排放具有一定的局限性，只能起到部分降低排放污染物的效果，且作用有限（有时因彼此的制约，在降低某些排放物的同时会使其他排放物增加），甚至在降低排放污染物时会影响发动机的其他性能。

②机外净化。机外净化方法主要有后燃法和催化转换法两种。后燃法即让高温废气在排气管中进一步燃烧，从而达到降低排放污染物的目的。后燃法主要有加热反应器、二次空气喷射等方法。热反应器及空气注入系统是向排气管内喷射空气，利用排放气体的高温使 HC、CO 及醛类在富氧的条件下继续燃烧，从而降低 HC 和 CO 的排放量。根据发动机的不同情况，空气注入系统由电子控制装置（ECM）适时地供给或切断注入的空气，以满足排气净化的要求。催化转换是在催化剂的作用下，使排放气体中的 HC、CO、NO 通过化学反应（燃烧），然后以 CO、HO、N 的形式进入大气。虽然目前尚不能完全消除有害气体的排放，但已使有害物质的含量大幅度地降低。催化转化技术是目前应用比较广泛，且技术比较成熟的方法。此外，还可通过控制燃料的蒸发、开发和利用新型低污染车用发动机来减少机动车的污染物排放。

（4）配套法规和标准

实施更加严格的机动车尾气排放标准、加强在用车的监督管理，均可

163

以减轻日益增加的汽车对空气质量的影响。根据我国目前的大气环境质量状况和未来的发展预测，按照我国2010年环境质量总体目标要求，已提出了下一阶段不同车型的排放标准建议，预计这套标准将采用电控燃油喷射、三元催化转化器、废气再循环等多项先进的污染控制技术，它不仅有助于降低污染、改善大气环境，而且可以引导和促进我国汽车工业的健康发展。

（5）发展公共交通车

创造清洁健康的城市环境要求政府利用其规划和协调能力于有关的交通管理之中。按照"公交优先"的策略，提供以公共汽车维护的公共交通系统，不仅可降低尾气排放，还将使未来油料的消耗大幅度降低。有人测算，按目前价格，中国到

公交车

2020年时，"公交优先"策略将只需要300亿美元的汽油和柴油消耗，而在以私人机动车为基础的策略下，汽油和柴油总消耗将达到870亿美元。因此，大力发展公共汽车可以避免汽车对油料过大的需求，并有效控制机动

不断增加的私家车

（6）控制私人汽车拥有量

为了保护城市环境，私人汽车的拥有率必须控制在适度的水平。世界上许多国家或城市采取控制汽车价格，通过征收高额汽车购买和财产税，限制私人汽车拥有量。此外，按照"污染者付费"

的原则，汽车使用者应当支付汽车排污的社会成本。为了保护城市环境，汽车排污收费应当与燃油价格挂钩，即燃料油价格不仅包括基于燃料本身的总机会成本、油料运输以外消费税，还应包括基础设施附加费和排污费。按国际标准，目前中国汽油和柴油的零售价格较低，不同标号汽油价格之间的细小差异不能反映它们生产成本的差别。柴油价格低于汽油也抑制了炼油厂生产柴油的积极性。

工业污染控制

有关的环境保护法律是工业污染控制的基础。中国的污染控制政策建立在预防为主、防治结合、污染者付费和强化环境管理这三项基本原则的基础上，具体落实为八项环境管理制度。污染防治重点在于新污染源，可通过实行环境影响评价和"三同时"制度进行管理。现有污染源则通过排污收费、排污许可证和限期治理制度来进行管理。

此外，控制工业污染要积极促进老企业技术改造，推行清洁生产；推广燃煤锅炉的更新换代，提高锅炉效率；促进乡镇企业更新改造和技术换代，提高乡镇企业污染治理率；积极推广已有的污染控制实用技术措施，提高除尘装置的安置率和除尘效率；推广应用各类烟气净化工艺等。

城市噪声污染与控制

噪声级和噪声源

频率为 20 ~ 20000 赫兹的声波，传入耳朵，可以引起听觉，称为可听声；频率高于 20000 赫兹的称为超声；频率低于 20 赫兹的称为次声。声强较高的声音频率不一定很高，而人耳对高频声音比对低频声音更敏感。对人们产生妨碍的还是那些声强和声频都较高的噪声，即表示噪声的强弱应当同时考虑声强和频率对人的共同作用。这种共同作用的强弱用噪声级来量度。

目前采用得最多的噪声级称为 A 声级，其单位为分贝，符号亦为分贝（A）。用来测量分贝（A）的噪声计可将声音中的低频部分大部分滤掉。通过电压转换，在仪表中主要显示高频声音造成的声强级，这样显示出来的噪声级更符合人耳听觉特性的实际。A 声级越高，人们越觉吵闹。分贝（A）值为 0～20 的环境是很静的，农村静夜的 A 声级即约 20 分贝（A）。20～40 分贝（A）的环境称安静，一般宿舍中的 A 声级约 40 分贝（A）。40～60 分贝（A）为一般常见情况，办公室中谈话声大约 60 分贝（A）。60～80 分贝（A）为吵闹的环境，一般城市交通道路的环境为 80 分贝（A）左右。80～100 分贝（A）的环境就很吵闹了，拖拉机、工地机械和交通要道的噪声可达 100 分贝（A）。100～120 分贝（A）的噪声已难以忍受；120～140 分贝（A）的噪声使人痛苦。噪声污染的来源可大致分为四大类。一是交通噪声。它包括各类运输器具发出的噪声，主要有地面交通噪声、航空噪声、火车噪声和船舶噪声。其中，危害面最大的是地面道路交通噪声，最主要的污染源是汽车。二是工业噪声。它同交通噪声不同，是一种固定源噪声。由于这个特点，工业噪声常常成为环境纠纷诉讼案件中的最主要构成因素。工业噪声影响最大的是空气动力性噪声。在北方，星罗棋布的锅炉房，往往构成噪声源中首屈一指的因素。三是建筑施工噪声。这虽然是一种临时性的污染，施工完毕，污染也就解除。但其声音强度很高，又属于露天作业，污染就十分严重。四是社会噪声。它包括了生活噪声及其他噪声，如鞭炮鸣放声、广播电视录音机声、钢琴管弦乐器练习声、儿童嬉闹声、自来水管道噪声、楼板的敲击声、门窗关闭撞击声、走步声等等。

折磨人的噪声

40 分贝（A）是正常的环境噪声，一般被认为是噪声的卫生标准。60 分贝（A）以上便是有害的噪声，它将影响人休息，干扰工作，使人听力受损，甚至引起心血管系统、神经系统和消化系统等方面的疾病。在噪声环境中暴露一段时间后离开，到安静环境下用听力计检查会发现听力下降。这种现象是听觉疲劳所致，休息后听力会恢复，如果长期地受强噪声的刺激，这种听觉疲劳就不能恢复。这时内耳感觉器会发生器质性病变，这也是造成老年性耳聋的一个重要因素。

80 分贝（A）以下的噪声不直接损伤人的听力。96 分贝（A）以上噪声造成的听力损伤明显，特别是在噪声长期作用下更为突出。目前国内外多以 90（或 85）分贝（A）作为保护的起点。在 90 分贝的噪声环境中每天可工作 8 小时。国际标准组织规定声强级每提高 3 分贝，容许暴露时间减半，即以 90 分贝为起点，93 分贝噪声环境中每人每天只能工作 4 小时，96 分贝条件下只能连续工作 2 小时，依次类推。

噪声不但直接损伤人耳，而且它还产生心理效应。噪声影响睡眠，使人烦恼、精神不能集中，天长日久会引起失眠、耳鸣、多梦、疲劳无力、记忆力衰退等症状。噪声的生理效应也不容忽视。实验表明，噪声会引起人体的紧张反应，刺激肾上素的分泌，引起血管收缩，心率改变和血压升高。

有人认为，20 世纪生活中的噪声是心脏病发病率升高的一个重要原因。噪声会使人的唾液、胃液分泌减少，胃酸降低，从而易患溃疡。噪声对人类正常生活和工作的干扰表现在损害人的身体、使人情绪变坏和破环人的某种行动目的三个方面。同一种噪声，可能同时对人产生上述三种作用，也可能只产生其中的两种或一种作用。例如，公路上各种车辆行驶时发出的交通噪声，既能使人听力受到损坏，也能使人的心态失衡，情绪败坏。舞厅里强烈的摇滚乐声，有损人们的听力，但对跳舞者的情绪不会受到影响，而对旁边的垂钓者来说，这种声音却使他的行动目的受到破坏，也扰乱了周围居民的平静生活，影响了他们休息。

噪声的控制

《1995 年中国环境状况公报》指出，据 46 个城市监测，1995 年城市环境噪声污染相当严重。区域环境噪声等效声级范围为 51.3 ~ 76.6 分贝（A），平均等效声级（面积加权）为 57.1 分贝（A），较 1994 年略有降低。道路交通噪声等效声级范围为 67.6 ~ 74.6 分贝（A），平均等效声级（长度加权）为 71.5 分贝（A），与上年持平，其中 34 个城市平均等效声级超过 70 分贝（A）。2/3 的交通干线噪声超过 70 分贝（A）。特殊住宅区噪声等效声级全部超标，居民文教区超标的城市达 97.6%，一类混合区和二类混合区超标的城市均为 86.1%，工业集中区超标的城市为 19.4%，交通干线道路两侧区域超标的城市为 71.4%。可以说，城市噪声污染还是比较严重的。

对噪声污染的防治：

（1）完善法规标准体系。尽快制定并颁布施行《工业企业噪声控制设计规范》，从设计开始就着手控制噪声污染，防患于未然。随着国民经济的蓬勃发展，建筑施工越来越多。对各类民用建筑的噪声允许标准正在加紧制定，以保障人民的正常生产活动。此外，诸如航空噪声标准、船舶噪声标准、火车环境噪声标准等，也都需要尽快制定并颁布施行。

（2）强化噪声行政管理。噪声超标收费制度应当健全起来。全国宜在各地试点的基础上，颁发实施统一的收费标准，加强交通噪声管理，是控制交通噪声现实可行的最好措施。在工程建设的审批过程中，要把噪声影响评价及其防治办法作为重要的内容之一加以考虑。城市建设规划必须考虑噪声控制问题，应当推行噪声合格证制度。

（3）重视科研，普及教育。随着噪声污染的发展，噪声控制的科研事业发展很快。我们国家距离国外的先进水平并没有十分显著的差距，主要问题在于有关噪声控制的材料、设备和工艺方面。首先要进行声源控制研究。目前，有不少机械噪声源还有待治理技术的攻关突破。其次要进行材料的开发。材料的发展往往带来治理设备的更新换代。还应当加强噪声控制应用基础理论的研究，并对新的噪声控制技术进行开发。

城市固体废弃物污染与控制

固体废弃物的危害

1994 年 8 月 1 日 7 时 40 分左右，湖南省岳阳市一座约 2 万立方米的垃圾堆突然爆炸，产生的冲击波竟将 1.5 万吨垃圾抛向高空，摧毁了垃圾场外 20 ~ 40 米外一座泵房和两旁的污水大堤。

无独有偶，1994年12月4日，四川省重庆市发生了严重的垃圾爆炸事件，爆炸时强大气流掀起的垃圾，将正在现场作业的9名临时工埋没，2人当场死亡。垃圾爆炸事故只是固体废弃物危害的几声警报，潜在的危害更是令人触目惊心。

当今，固体废弃物的处置和利用已受到世界各国瞩目。其原因一方面是由于生产的发展和人民生活水平的提高使固体废弃物的排放量猛增，堆存和处置场地日益减少，处理费用越来越高；以及有害废物处理不当，造成对土壤、地下水等的严重污染，加剧了人类环境的恶化。

固体废弃物污染

另一方面由于全球范围自然资源逐渐减少，20世纪70年代初出现了世界性的能源危机和一些国家的资源匮乏，迫使许多发达国家对废物的再生利用产生了浓厚兴趣，逐步形成并加强了固体废物资源化、无害化的管理方针和技术措施。

固体废物的分类

固体废物是指在生产、消费、生活和其他活动中产生的固态、半固态和高浓度液体废物。一般将固体废物分为4类：

（1）一般工业固体废物，主要指量大、面广的煤矸石、粉煤灰、锅炉渣、硫酸渣、电石渣、铸造废型砂、采矿废石和选矿尾矿、食品加工废渣等。对这类废物，应以开展资源化对策为主，预测资源化的合理途径、投资及效益。

（2）工业有害废物，即含有毒性、腐蚀性、易燃性、易爆性的固体、半固体和除废水以外的液体废弃物，主要由有机化工、无机化工、医药、农药、电镀、油漆、涂料、印染、皮革、有色、纺织、石油炼制和炸药等行业产生的有害废弃物。对这类废弃物，应进行无害化、减量化处理，开发低毒代替高毒的新工艺、新技术，预测其对环境和经济的影响。

（3）城镇垃圾，指城市及其郊县居民生活排放的垃圾和粪便。

（4）放射性废物，包括核设施、核技术和来自伴生放射性矿的资源开发利用中产生的放射性废物。我国的固体废物产生量巨大，全国工业固体废物累积堆存量已达60亿吨，其中危险废物约占5%，城市生活垃圾为1.4亿吨，每年可利用而未利用的固体废物资源价值不低于250亿元，全国有2/3的城市陷于垃圾重围之中。而且每年工业固体废物以6亿吨左右、城市生活垃圾约为1亿吨的速度在增长着。

全国有200多个城市陷入垃圾的包围之中。据国家环保局预测，到2000年，工业固体废物产生量将达到9.8亿吨，其中危险废物将达9000万吨，生活垃圾1.9亿吨。

固体废物也是宝

目前，全国产生的工业固体废物除约40%被利用外，大部分仍处于简单堆放、任意排放状况，严重地污染了地表水和地下水。据1991年不完全统计，全国受固体废物污染的农田已超过2万公顷；全国排放到环境中的工业固体废物0.3亿吨，其中直接排入地表水体的有1181万吨。有害废物管理是全球环境问题的一个组成部分，也是我国环境保护的一个突出矛盾。有害废物多指固体废物中具有毒性、反应性、腐蚀性、易爆炸性和易燃性废物，我国目前产生量约为3000万吨，不仅是资源的浪费，而且是水、大气和土壤的重要污染来源。因此，有害废物的管理和无害化处置十分重要。

目前，我国已经把通过实施清洁生产以减少废物产生列入工业可持续发展议事日程，把有害废物管理与处理处置和利用研究列为国家科技发展的重点之一。到2000年，建立起全面的科学的固体废物和有害废物管理机制；固体废物的回收利用得到良性发展；基本控制有害废物的污染。具体目标如下：

建立固体废物的环境法规、政策、标准体系，健全各级固体废物管理机构，在示范城市建成废物管理中心；工业固体废物综合利用率达45% ~ 52%，乡镇企业固体废物综合利用率比1990提高15 ~ 20个百分点；主要有害废物的无害化处理率达到10% ~ 20%，其中化学工业产生的有害废物综合利用率达50%以上。

为废物最小量化、资源化和无害化提供技术支持，分别建成废物最小量化、资源化和无害化示范工程，包括清洁生产、综合利用、废物交换和有害废物集中利用、处理和处置示范工程。2000年以后使固体废物和有害废物的环境保护管理体制做到正常运行，基本控制固体废物和有害废物的污染。

为了达到以上目标，在制定和实施《固体废物污染防治法》后，还将制定和实施《淘汰综合利用法》及其实施细则，将固体废物和有害废物的污染控制纳入法制轨道；在全国范围内开展产生固体废物（尤其是有害废物）的生产工艺和污染源调查，弄清我国有害废物的种类、性质、数量和污染状况，在此基础上试行有害废物产生、申报、登记制度以及有害废物贮存、处理处置和利用设施使用许可证制度。制定清洁生产的技术政策和鼓励措施。针对产生有害废物的主要行业如冶金、化工、轻工等，制定并实施废物最小量化行动准则，建立从收集、贮存、处理、再循环利用、运输、回收到最终处置的法规和技术标准，使我国的有害废物管理基本上形成配套体系，并在重点城市建立废物处理、处置和利用中心，大力推广粉煤灰、煤矿石、炉渣、钢渣、铬渣、废有机溶剂和废矿物油等废物的综合利用技术。

运用经济手段促进固体废物的污染防治。如完善固体废物的排污收费制度，根据固体废物的特点，征收总量排污费和超标准排污费。尽快制定出工业固体废物贮存、处置和污染控制标准，进行试点和经验推广；对进口有害废物征收越境转移环境损失金（为了防止因转移而可能造成的损失或发生污染事故后的应急，需建立一定的基金储备）；为促进工业固体废物的综合利用，对技术成熟、有条件利用而不利用的固体废物生产者征收滞用税或加收排污费。

开展有害废物管理技术、资源化技术和处理处置工程技术研究，引进国外先进实用技术，重点开发研究有害废物风险评价技术、含重金属及废料回收利用技术，以及区域性集中式有害废物管理和处理处置标准，建设5种类型示范工程，包括电镀工业废物最小量化示范工程。含铬废物资源化示范工程、有害废物安全填埋示范场和有害废物焚烧示范厂、塑料废物回收再利用示范工程。

吞噬生命的放射性废物

我国核技术发展较快，核电站也已起步，放射性废物的安全管理和处置已成为公众关注的重要环境问题。我国政府十分重视放射性废物的安全管理问题。国务院于1992年发布了《中国中、低水平放射性废物处置的环境政策》。但仍存在一些急需解决的问题：我国尚未编制出符合国情的放射性废物管理的总体规划；废放射源的最终处置问题尚未解决，中、低放射性废物处置场的建设处于起步阶段；部分煤炭开采和应用、化石燃料电厂运行、磷矿和某些较多放射性物质的伴生矿开采与综合利用所产生的大量含放射性废物的管理尚未形成制度。

放射性废物的安全和无害化处理的目标为：制定《中国含放射性物质废物管理的总体对策》，推动和强化放射性废物的安全与无害化管理，达到充分有效地利用有限资源、保护环境、发展经济的最终目的；建设中、低放射性废物示范性处置场、高放射性废物中间贮存场以及核技术应用废物库；建立核电站放射性废物管理体系，实现核电站废物处理处置设施的定型化和标准化；建立中、低放射性废物跟踪检测和质量保证系统，使放射性废物得到有效监督管理。为了达到以上目标，将采取以下行动：

制定我国含放射性物质废物管理的总体对策，其主要内容包括对放射性废物现状及趋势进行分析，弄清放射性废物的数量与特征；建立和完善放射性废物的环境影响与公众健康危害评价方法及其相应的计算机程序和数据库；提出总体对策和具体的管理与补救措施。

制定和完善我国放射性废物管理法规、标准和技术原则，包括制定《原子能法》、《放射性污染防治法》；修订《辐射防护规定》；提出配套的有关实施细则及技术标准。

2000 年前建成 3 个中、低放射性废物处置场，到 2000 年陆续增加 3~4 个，2000 年确定高放射性废物处置技术方案，2000 年前后开展基础研究，先建一个可回收的中间贮存场，再建成正式处置场；2000 年前建成一批核技术应用废物暂存库，达到每省一库；2000 年后陆续建立包括废物分类、减容、焚烧、固化设备的废物调制设施，实现核电站废物处理处置定型化和标准化；2000 年前建立中、低放射性废物跟踪、检测和质量保证系统。

破除垃圾的"围城"

我国城市垃圾粪便无害化处理率 1992 年为 28.3% 。城市人均年产生活垃圾 440 千克，年增长率为 8%~10% ，但生活垃圾的无害化处理率不到 2% 。大量垃圾运到城郊裸露堆放，历年堆存量高达 60 多亿吨，侵占 5 亿多平方米土地，有 200 多个城市陷入垃圾的包围之中，严重损害城市环境卫生，恶化住区生活条件，阻碍了城市建设发展。另外，目前整体环卫作业的机械化程度较低，设备陈旧而不配套，故急需提高我国垃圾作业和处理处置的科学技术水平。

大力推行城市垃圾减量化和资源化，加强城市环境卫生设施的基础建设，到 2000 年，垃圾回收和综合利用率达到 40% 以上，城市生活垃圾、粪便的无害化处理率达到 4%~5% 。完善城市垃圾管理机制和法规体系，初步形成垃圾收集、处理产业及社会化服务。

城市垃圾

到 2010 年，所有城市基本建立了符合环境要求的生活垃圾填埋场或焚烧厂，使全部生活垃圾都得到处置。为达到上述目标，将加强生活垃圾管理与法规建设，尽快制定和完善地区和城市生活垃圾管理办法，逐步推行垃圾处理收费制度，沿海开放城市和风景城市近期内做到生活垃圾的分类收集和无害化处理，其他城市逐步实行。鼓励单位和个人兴办城市生活垃圾清扫、运输和无害化处理的专业化服务公司，实行社会化服务。

减少城市生活垃圾的产生，主要采取发展煤气和天然气供应和集中供热，以减少因煤的直接燃烧而产生的大量煤渣垃圾；同时逐步发展净菜进城，发展可降解塑料包装；逐步实行垃圾袋装和分类收集处理，鼓励废旧物资回收等。

因地制宜，进行城市生活垃圾的无害化处置和资源利用。以填埋和堆肥为主，有条件的地方发展焚烧。可堆肥的生活垃圾经高温堆肥处理后，加工成有机肥料，并纳入当地农业用肥，同时加强农业环境监测。2000 年以前对部分填埋场所实行沼气回收，对封闭的填埋场实行绿化。

制定相应的经济优惠政策，鼓励发展城市生活垃圾的综合利用以及垃圾制砖、制水泥等技术。加强以公共厕所、垃圾转运站、垃圾粪便处理场、环卫停车场和后方基地为重点的环卫设施建设，并将其纳入城市建设序列，与主体工程同步规划设计、同步建设和交付使用。

开展城市垃圾收运、处理的工程技术研究，引进、消化国外先进技术，重点开发无害化、资源化处理与利用技术及成套设备。作为城市垃圾管理和处理处置样板，建设一批垃圾卫生填埋、高温堆肥、焚烧和综合利用示范工程，实施以城市为试点的垃圾收运系统优化设计方案。

此外，"谁产生垃圾谁付费"，这在欧洲发达国家中已形成一条政策。国外认为："人们只有当意识到他若多产生垃圾就必须多付钱时，垃圾的减量和有效使用才能真正实现。"各国的普遍经验表明，产生垃圾者要付钱出来，产得多所付的钱就应越多。国外的经验值得我们借鉴，只有真正解决了收费问题之后，我们的垃圾处理问题才能迈出重要一步。

废旧物资的出路

废旧物资资源化管理主要包括减少废旧物资弃置和废旧物资回收利用两部分。我国资源消耗高，二次资源利用率低，有相当一部分资源变为污染物。我国每单位国民生产总值所消耗的矿物原料比发达国家高 2 ~ 4 倍，也高于印度、巴西；我国总的二次资源利用率只相当于世界先进水平的

1/4 ~ 1/3。大量的废旧物资未得到回收利用。每年约有 300 万吨废钢铁、600 万吨废纸未予回收利用，废橡胶回收率仅为 31%。到 20 世纪末，我国六大废旧物资产生量将有明显的增加：废钢铁为 4150 万 ~4300 万吨，废有色金属为 100 万 ~120 万吨，废旧橡胶为 85 万 ~92 万吨，废旧塑料为 230 万 ~250 万吨，废旧玻璃为 1040 万吨。

化学塑料制品的回收利用是大有可为的。众所周知，在当今社会中，化学塑料制品已渗透到工业、农业及日常生活各个领域。由于废弃塑料在自然条件下不会腐烂，而且又会释放出有害气体，故而给生态环境造成了难以治理的的污染。为了根治塑料污染这一世界性难题，国外科学家研制出各种类型可以自行分解的自毁（或自溶）塑料，即绿色塑料。美国密兹根大学生物学家提出了"种植"可分解塑料的设想。他们用土豆和玉米为原料，植入塑料的遗传基因，使它们能在人工控制下生长出不含有害成分的生物塑料。德国格丁根大学微生物学家最近通过对一种细菌的特定基因隔离，使植物的细胞部分生成聚酯，利用这类聚酯，可制成植物生化塑料。

这种塑料在细菌作用下，分解成水和二氧化碳，因此这种塑料垃圾可作为植物肥料而回归大自然。日本工业技术研究院的科技人员正在用农林作物下脚料，如豆杆等制成可分解农用薄膜，不仅抗拉强度达 40 千克/平方厘米，而且成本有所下降。国外一些科学家正在实验在塑料中添加淀粉类物质。这样以淀粉为食料的细菌则吞噬之，从而使其慢慢地消失掉。

我国再生工业体系发展缓慢，科学技术比较落后，工艺技术不能适应本领域发展需求，导致废旧物资直接利用率低。因此，应加强废旧物资资源化系统，改变现有的生产与消费方式，抑制废弃物资大幅度增长。废旧物资资源化的目标是：减少废旧物资弃置量，废旧物资分类回收做到规范化，重新加工与深度开发合理化，制定废旧物资资源化管理的有关法律，完善经济政策和技术政策。

废旧物资弃置最小量化的近期目标（到 2000 年）是制定约束性法规，提出发展规划与计划，在大宗废旧物资产生的领域内弃置量减少 20% ~30%。中期目标（到 2050 年）是建立完整的废旧物资弃置监督管理体制，建立一系列法规与配套规章制度。大宗包装材料实行循环回收利用，在全社会开展废旧物资弃置最小量化工作，使社会废旧物资弃置量减少 80%。远期目标（2050 年以后）是实行废旧物资弃置的全方位综合管理。

为了实现以上目标，将加强废旧物资资源化管理，主要有：在国家已着手制定《资源综合利用法》的基础上，制定并颁布《废旧物资再生利用法》；根据废旧物资弃置最小量化原则和废旧物资回收利用的发展，修订完善国家与地方政府的有关政策，制定和使用各种有效管理办法，并形成规章；建立统一的废旧物资弃置最小量化统计指标体系和报表制度，并逐步纳入国民经济核算指标体系；各级政府制定尽量减少废旧物资产生的发展计划，将其作为国民经济发展计划的重要组成部分；将资源节约和再生资源回收利用列为一项重大技术经济政策，国家将资源节约和再生资源回收利用列入年度计划和五年计划之中，再生资源回收利用率将纳入国家和地方各级政府经济和社会发展计划；制定和实施有关的经济优惠措施，鼓励废旧物资的资源化；在大中城市，按 3000 户设立一个回收网点的要求，统一规划，合理布局，建成 11 万个回收经营网点；逐步建立国家和地区的废旧物资资源化信息中心，建立信息网络和数据库。

土壤污染

土壤污染是全球三大环境要素（大气、水体和土壤）的污染问题之一，也是全世界普遍关注和研究的主要环境问题。土壤污染对环境和人类造成的影响与危害在于它可导致土壤的组成、结构和功能发生变化，进而影响植物的正常生长发育，造成有害物质在植物体内累积，并可通过食物链进入人体，以致危害人体健康。土壤污染的最大特点是，一旦土壤受到污染，特别是受到重金属或有机农药的污染后，其污染物是很难消除的。因此，要特别注意防止重金属等污染物质污染土壤。对于已被污染的土壤，应积极采取有效措施，以避免和消除它可能对动植物和人体带来的有害影响。

土壤污染源及污染物

土壤污染是指人类活动所产生的污染物质通过各种途径进入土壤，其数量超过了土壤的容纳和同化能力，而使土壤的性质、组成及性状等发生变化，并导致土壤的自然功能失调，土壤质量恶化的现象。土壤污染的明显标志是土壤生产力的下降。

1. 土壤污染源

土壤污染物的来源极为广泛，其主要来自工业（城市）废水和固体废物、农药和化肥、牲畜排泄物以及大气沉降等。

（1）工业（城市）废水和固体废物

在工业（城市）废水中，常含有多种污染物。当长期使用这种废水灌溉农田时，便会使污染物在土壤中积累而引起污染。利用工业废渣和城市污泥作为肥料施用于农田时，常常会使土壤受到重金属、无机盐、有机物和病原体的污染。工业废物和城市垃圾的堆放场，往往也是土壤的污染源。

（2）农药和化肥

现代农业生产大量使用的农药、化肥和除草剂也会造成土壤污染。如有机氯杀虫剂 DDT、六六六等在土壤中长期残留，并在生物体内富集。氮、磷等化学肥料，凡未被植物吸收利用的都在根层以下积累或转入地下水，成为潜在的环境污染物。

（3）牲畜排泄物和生物残体

禽畜饲养场的积肥和屠宰场的废物中含有寄生虫、病原体和病毒，当利用这些废物作肥料时，如果不进行物理和生化处理便会引起土壤或水体污染，并可通过农作物危害人体健康。

（4）大气沉降物

大气中的 SO_2、NO_x 和颗粒物可通过沉降或降水而进入到农田。如北欧的南部、北美的东北部等地区，雨水酸度增大，引起土壤酸化、土壤盐基饱和度降低。大气层核试验的散落物可造成土壤的放射性污染。此外，造成土壤污染的还有自然污染源。例如，在含有重金属或放射性元素的矿床附近，由于这些矿床的风化分解作用，也会使周围土壤受到污染。

2. 土壤污染物

凡是进入土壤并影响到土壤的理化性质和组成，而导致土壤的自然功能失调、土壤质量恶化的物质，统称为土壤污染物。土壤污染物的种类繁多，按污染物的性质一般可分为四类，即有机污染物、重金属、放射性元素和病原微生物。

（1）有机污染物

土壤有机污染物主要是化学农药，目前大量使用的化学农药有50多种，其中主要包括有机磷农药、有机氯农药、氨基甲酸酯类、苯氧羧酸类、苯酰胺类等。此外，石油、多环芳烃、多氯联苯、甲烷、有害微生物等，也是土壤中常见的有机污染物。

（2）重金属

使用含有重金属的废水进行灌溉是重金属进入土壤的一个重要途径。重金属进入土壤的另一条途径是随大气沉降落入土壤。重金属主要有 Hg、Cd、Cu、Zn、Cr、Pb、As、Ni、Co、Se 等。由于重金属不能被微生物分解，而且可为生物富集，所以土壤一旦被重金属污染，其自然净化过程和人工治理都是非常困难的。此外，重金属可以被生物富集，因而对人类有较大的潜在危害。

（3）放射性元素

放射性元素主要来源于大气层核试验的沉降物，以及原子能和平利用过程中所排放的各种废气、废水和废渣。放射性元素主要有 Sr、Cs、U 等。含有放射性元素的物质不可避免地随自然沉降、雨水冲刷和废弃物的堆放而污染土壤。土壤一旦被放射性物质污染就难以自行消除，只能靠其自然衰变为稳定元素，而消除其放射性。放射性元素也可通过食物链进入人体。

（4）病原微生物

土壤中的病原微生物，可以直接或间接地影响人体健康。它主要包括病原菌和病毒等。来源于人畜的粪便及用于灌溉的污水（未经处理的生活污水，特别是医院污水）。人类若直接接触含有病原微生物的土壤，可能会对健康带来影响；若食用被土壤污染的蔬菜、水果等，则间接受到污染。

土壤污染的影响和危害

土壤污染直接会使土壤的组成和理化性质发生变化，破坏土壤的正常功能，并可通过植物的吸收和食物链的积累等过程，进而对人体健康构成危害。土壤污染还会使农作物的产量和质量下降。

1. 土壤污染对植物的影响

当土壤中的污染物含量超过植物的忍耐限度时，会引起植物的吸收和代谢失调；一些污染物在植物体内残留，会影响植物的生长发育，甚至导致遗传变异。

（1）无机污染物的影响

土壤长期施用酸性肥料或碱性物质会引起土壤 pH 值的变化，降低土壤肥力，减少作物的产量。土壤受 Cu、Ni、Co、Mn、Zn、As 等元素的污染，能引起植物的生长和发育障碍；而受 Cd、Hg、Pb 等元素的污染，一般不引起植物生长发育障碍，但它们能在植物可食部位蓄积。用含 Zn 污水灌溉农田，会对农作物特别是小麦的生长产生较大影响，造成小麦出苗不齐、分蘖少、植株矮小、叶片发生萎黄。过量的 Zn 还会使土壤酶失去活性，细菌数目减少，土壤中的微生物作用减弱。当土壤中含 As 量较高时，会阻碍树木的生长，使树木提早落叶、果实萎缩、减产。土壤中存在过量的 Cu，也能严重地抑制植物的生长和发育。当小麦和大豆遭受 Cd 的毒害时，其生长发育均受到严重影响。实验证明，随着施 Cd 量的增加，作物体内 Cd 含量增高，产量降低。

（2）有机毒物的影响

利用未经处理的含油、酚等有机毒物的污水灌溉农田，会使植物生长发育受到障碍。例如，我国沈阳抚顺灌区曾用未经处理的炼油厂废水灌溉，结果水稻严重矮化。初期症状是叶片披散下垂，叶尖变红；中期症状是抽穗后不能开花受粉，形成空壳，或者根本不抽穗；正常成熟期后仍在继续无效分蘖。植物生长状况同土壤受有机毒物污染程度有关。一般认为水稻矮化现象是石油污水中油、酚等有毒物和其他因素综合作用的结果。农田在灌溉或施肥过程中，极易受三氯乙醛（植物生长紊乱剂）及其在土壤中转化产物三氯乙酸的污染。三氯乙醛能破坏植物细胞原生质的极性结构和分化功能，使细胞和核的分裂产生紊乱，形成病态组织，阻碍正常生长发

179

育，甚至导致植物死亡。小麦最容易遭受危害，其次是水稻。据研究，每千克栽培小麦的土壤中三氯乙醛含量不得超过0.3毫克。

（3）土壤生物污染的影响

土壤生物污染是指一个或几个有害的生物种群，从外界环境侵入土壤，大量繁衍，破坏原来的动态平衡，对人体或生态系统产生不良的影响。造成土壤生物污染的污染物主要是未经处理的粪便、垃圾、城市生活污水、饲养场和屠宰场的污物等。其中危险性最大的是传染病医院未经处理的污水和污物。一些在土壤中长期存活的植物病原体能严重地危害植物，造成农业减产。例如，某些植物致病细菌污染土壤后能引起番茄、茄子、辣椒、马铃薯、烟草等100余种茄科植物的青枯病，能引起果树的细菌性溃疡和根癌病。某些致病真菌污染土壤后能引起大白菜、油菜、芥菜、萝卜、甘蓝、荠菜等100多种蔬菜的根肿病，引起茄子、棉花、黄瓜、西瓜等多种植物的枯萎病，以及小麦、大麦、燕麦、高粱、玉米、谷子的黑穗病等。此外，甘薯茎线虫，黄麻、花生、烟草根结线虫，大豆胞囊线虫，马铃薯线虫等都能经土壤侵入植物根部引起线虫病。从广义上讲，上述病虫害都可认为是土壤生物污染所致。

2. 土壤污染物在植物体内的残留

植物从污染土壤中吸收各种污染物质，经过体内的迁移、转化和再分配，有的分解为其他物质，有的部分或全部以残毒形式蓄积在植物体内的各个部位，特别是可食部位，对人体健康构成潜在性危害。土壤中的污染物主要是以离子形式被植物根系吸收。植物从土壤中吸收污染物的强弱，与土壤的类型、温度、水分、空气等有关，也与污染物在土壤中的数量、种类和植物品种有关。

（1）重金属在植物体内的残留

植物对重金属吸收的有效性，受重金属在土壤中活动性的影响。一般情况下，土壤中有机质、黏土矿物含量越多，盐基代换量越大，土壤的pH值越高，则重金属在土壤中活动性越弱，重金属对植物的有效性越低，也就是植物对重金属的吸收量越小。在上述土壤因素中，最重要的可能是土壤的 pH 值。例如，在中国水稻区，不同土壤受到相同水平的重金属污染，但水稻籽实中重金属含量按下列次序递增：华北平原碳酸盐潮土（pH 值 > 8.0）远小于东北草甸棕壤（pH 值 = 6.5 ~ 7.0），后者又远小于华南的红壤和黄壤（pH 值 < 6.0）。农作物体内的重金属主要是通过根部从被污染的土壤中吸收的。一般根部的含镉量可超过地上部分的两倍。此外，汞、砷也是可以在植物体内残留的重金属。据测定，谷粒的单位容积中汞的含量为谷壳 > 糙米 > 白米；砷对农作物产生毒害作用的最低浓度为 3 毫克/升。

（2）农药在植物体内的残留

农药在土壤中受物理、化学和微生物的作用，按照其被分解的难易程度可分为两类：易分解类和难分解类。难分解的农药成为植物残毒的可能性很大。植物对农药的吸收率因土壤质地不同而异，其从沙质土壤吸收农药的能力要比从其他黏质土壤中高得多。不同类型农药在吸收率上差异较大，通常农药的溶解度越大，被作物吸收也就越容易。例如，作物对丙体六六六的吸收率要高于其他农药，因为丙体六六六的水溶性大。不同种类的植物，对同一种农药中的有毒物质的吸收量也是不同的。农药在土壤中可以转化为其他有毒物质，如 DDT 可转化为 DDD、DDE，它们都能成为植物残毒。一般说来，块根类作物比茎叶类作物吸收量高；油料作物对脂溶性农药如 DDT、DDE 等的吸收量比非油料性作物高；水生作物的吸收量比陆生植物高。

（3）放射性物质在植物体内的残留

放射性物质指重核 ^{235} 铀和 ^{239} 铀的裂变产物包括 ^{72} 锌到 ^{158} 铕等 34 种元素，189 种放射性同位素。当分析某一种裂变产物的生物学意义时，必须考虑它们的产率、射线能量、物理半衰期、放射性核素的物理形态和化学组成，以及由土壤转移到植物的能力，生物半衰期和有效半衰期等因素。放射性物质进入土壤后能在土壤中积累，形成潜在的威胁。由核裂变产生的两个重要的长半衰期放射性元素是 ^{90} 锶（半衰期为 28 年）和 ^{137} 铯（半衰期为 30 年）。空气中的放射性 ^{90} 锶可被雨水带入土壤中。因此，土壤的含 ^{90} 锶的浓度常与当地的降雨量成正比。^{137} 铯在土壤中吸附得更为牢固。有些植物能积累 ^{137} 铯，所以高浓度的放射性 ^{137} 铯能通过这些植物进入人体。

3. 土壤污染对人体健康的影响和危害

（1）病原体对人体健康的影响

病原体是由土壤生物污染带来的污染物，其中包括肠道致病菌、肠道寄生虫、破伤风杆菌、肉毒杆菌、霉菌和病毒等。病原体能在土壤中生存较长时间，如痢疾杆菌能在土壤中生存22～142天，结核杆菌能生存1年左右，蛔虫卵能生存315～420天，沙门氏菌能生存35～70天。土壤中肠道致病性原虫和蠕虫进入人体主要通过两个途径为：①通过食物链经消化道进入人体。例如，人蛔虫、毛首鞭虫等一些线虫的虫卵，在土壤中经几周时间发育后，变成感染性的虫卵通过食物进入人体。②穿透皮肤侵入人体。例如，十二指肠钩虫、美洲钩虫和粪类圆线虫等虫卵在温暖潮湿土壤中经过几天孵育变为感染性幼虫，再通过皮肤穿入人体。传染性细菌和病毒污染土壤后对人体健康的危害更为严重。一般来自粪便和城市生活污水的致病细菌有沙门菌属、芽孢杆菌属、梭菌属、假单胞杆菌属、链球菌属、分枝菌属等。另外，随患病动物的排泄物、分泌物或其尸体进入土壤而传染至人体的还有破伤风、恶性水肿、丹毒等疾病的病原菌。目前，在土壤中已发现有100多种可能引起人类致病的病毒，例如脊髓灰质炎病毒、人肠细胞病变孤儿病毒、柯萨奇病毒等，其中最危险的是传染性肝炎病毒。此外，被有机废弃物污染的土壤，往往是蚊蝇孳生和鼠类繁殖的场所，而蚊、蝇和鼠类又是许多传染病的媒介。因此，被有机废弃物污染的土壤，在流行病学上被视为特别危险的物质。

（2）重金属对人体健康的影响

土壤重金属被植物吸收以后，可通过食物链危害人体健康。例如，1955年日本富山县发生的"镉米"事件，即"痛痛病"事件。其原因是农民长期使用神通川上游铅锌冶炼厂的含镉废水灌溉农田，导致土壤和稻米中的镉含量增加。当人们长期食用这种稻米，使得镉在人体内蓄积，从而引起全身性神经痛、关节痛、骨折，以致死亡。据测定，日本因镉慢性蓄积中毒而致死者体内镉的残毒量：肋骨为11472微克/克，肝为7051微克/克，肾为4903微克/克。

（3）放射性物质对人体健康的影响

放射性物质主要是通过食物链经消化道进入人体，其次是经呼吸道进入人体。通过皮肤吸收的可能性很小。该过程受到许多因素的影响，包括放射性核素的理化性质、环境因素（气象、土壤条件）、动植物体内的代谢情况及人们的饮食习惯等。

^{90}锶和^{137}铯是对人体危害较大的长寿命放射性核素。放射性锶的化学性质同元素钙类似，均参与骨组织的生长代谢，并在体内同一部位蓄积。放射性物质进入人体后，可造成内照射损伤，使受害者头昏、疲乏无力、脱发、白细胞减少或增多、发生癌变等。此外，长寿命的放射性核素因衰变周期长，一旦进入人体，其通过放射性裂变，而产生的 α、β、γ 射线。将对机体产生持续的照射使机体的一些组织细胞遭受破坏或变异。此过程将持续至放射性核素蜕变成稳定性核素或全部被排出体外为止。

183

城市能源与环境

能源的发展与特性

能源发展简史

人类利用能源是以薪柴、风力、水力和太阳能等可再生能源开始，后来才发现了煤炭和石油。中国大约在春秋末（公元前500年）开始利用煤炭作燃料，但是直到13世纪英国开采煤矿，才把煤炭推上了能源的主角地位。

18世纪，瓦特发明蒸汽机，英国进行产业革命，大量的动力机械逐渐替代了手工业生产方式，交通运输业也迅速发展，使世界能源结构起了重大变革。

1859年，美国开始了石油钻探，这种液体燃料显示出比被称为黑色金子的煤炭更具有吸引力。

1876年，德国人奥托创制了内燃机，使机械工业发生了翻天覆地的变化。石油与煤炭的竞争加速了世界工业化的进程。特别是第二次世界大战结束后，中东一带的石油大量开发，廉价石油使发达国家的经济像吹气球似地膨胀起来。在煤炭、石油、天然气加速发展的同时，以电为主导的能源结构大变革又开始了。

作为二次能源的电力，从19世纪开始，无论是火电或水电，以及后来居上的核电，已在一些国家的经济中越来越起主导作用。电给人们带来无限的欢乐，从生活到生产，人们已离不开电，这是人类利用能源的重要里程碑。

综上所述，能源变革就是人类利用能源的简史。时至今日，人类消耗的能源越来越多，能源的种类也很繁多。

能源的有限性

当今支撑世界经济发展的能源主要是化石能源，即煤炭、石油和天然气。这些能源资源都是亿万年前古代太阳能的积存，远古的生物质吸收了太阳辐射能而生长，但是经过地壳变化，翻天覆地，把这些生物质埋藏在地下，受地层压力和温度的影响，慢慢地变成了碳氢化合物，这是一种可以燃烧的矿物质。

然而，这种漫长的地质年代和地壳的巨大变化，已不可能在地球上重复出现。尽管今后仍会有地震发生，而地球本身早已进入了稳定期。否则，像过去一样的造山运动，恐怕人类也将不复存在了。所以说，现在的煤炭、石油和天然气是不可再生的能源，只能是用一点，少一点，这种天赐的能源资源是有限的，值得人们十分珍惜。

1984 年，第 11 届世界能源会议估计，全世界煤的预测贮量为 13.6 万亿吨，其中可采贮量为 1.04 万亿吨。20 世纪 90 年代我国公布煤炭总资源贮量为 5.06 万亿吨，其中可采贮量约 0.43 万亿吨。中国是煤炭大国，煤产量居世界第一。

全国 2000 多个县，有煤资源的占 1350 个。目前，全国的能源供应，70% 以上靠煤炭。但是煤是化石能源中最脏、热效率也较低的固体燃料，所以，带来的环境污染也最大。

水电是一种可再生能源，在一些国家还有较大的开发潜力，中国的水能资源较为丰富，但是大多数尚未很好开发利用，若能合理开发，将是弥补电力不足的好出路。由于化石能源的有限性和环境保护的需要，国际上对水电开发又开始重视，特别是有些发展中国家，没有更多的廉价石油和煤炭供火力发电，及早考虑如何充分利用水能资源，把电力工业和基础农业同时发展起来，将是现实可行的。例如巴西在发展水电方面有不少成功的经验。有些经济发达国家，如瑞士、日本、挪威、美国、意大利、西班牙、加拿大、奥地利等国的水能资源都得到了较充分的利用，而在多数发展中国家的水能资源尚未大量开发利用。我国的水能利用率仅及印度的1/2，加速水电开发势在必行。发展经济需要能源，但是从上述能源资源看，经济增长不能无限增加能耗。

20世纪70年代的世界石油危机给人们敲响了警钟，特别是一些靠消耗别国能源资源的国家，不加节制地增加能源用量不是长远之计，明智的办法是提高能源利用率和寻找替代能源。因此，美、日、德、法等国，在节能和开发新能源方面加大了投入。实际上许多经济发达国家从20世纪70年代后期以来，已逐渐做到经济有增长，能耗不增加，甚至有的国家总能耗还略有下降。它们已经认识到天赐资源有限，何况多数发达国家的能源大部分靠进口。如日本，国家小，资源不足，不能靠拼能源去增强经济实力，只能从技术上发挥优势，充分利用有限的资源，开展综合利用，使物尽其用，毫不浪费。

我国和多数发展中国家，对能源资源的紧迫感还不强，能源利用效率偏低。例如，我国比欧洲国家的能源利用，总效率约低20%；在农业方面约差10%，工业方面约差25%，民用商业方面也差20%。发展中国家浪费能源资源的现象比较普遍，技术越落后，浪费也越大。

化石能源资源不仅有限，而且同时也是多用途的宝贵资源。煤炭、石油、天然气除作为燃料使用外，就经济价值而言，作为化工原料更为合理。剖析这些物质的成分，它们都属于碳氢化合物，是有机合成的好原料，可以制造合成纤维、塑料、橡胶和化肥等等。如果我们今天把这些宝贵资源都燃烧掉，将来子孙后代搞化工合成就没有原料了，岂不要遭后人唾骂。因此，为了满足人们各方面的需要，珍惜有限的自然资源，人类应有长远的考虑。

如果20世纪70年代节约使用化石能源，是从防止世界产生石油危机考虑，进入20世纪90年代以后，则不仅是考虑不可再生能源资源的问题，而且更突出的是世界环境保护问题。例如大气中二氧化碳含量的增加，对温室效应和全球气候恶化产生的影响。

1992 年 6 月，联合国在巴西的里约热内卢召开了世界环境与发展大会，许多国家元首和政府首脑出席了会议，会上发表了《关于环境与发展的里约热内卢宣言》，并提出了《21 世纪议程》。我国人口多，人均能耗和二氧化碳排放量虽低于外国，但是绝对排放量却居世界第三位，当然不可忽视。亚洲地区新兴国家较多，能源消耗量大，预计到 2010 年，亚洲总能耗将比 1992 年翻一番，届时二氧化碳的排放量将占全球的 1/4，直接导致的环境问题更为严重。不仅二氧化碳的排放量在直线上升，其实二氧化硫的排放量也令人忧虑，我国几乎 40% 的国土面积受到酸雨的威胁。主要是因燃煤过多而使二氧化硫的排放量过高引起的。酸雨对农林业影响巨大，仅南方江浙等 7 省，因酸雨减产的农田就达 1.5 亿亩，年经济损失约 37 亿元；森林受害面积 128 亿平方米，林业及生态效益损失约 54 亿元。这难道不惊人吗？所以说，没有远虑，必有近忧。现在国际上每年都有能源环境方面的会议，对于使用化石能源的排放标准已有许多限制议案。人们越来越关心这个热门话题，世界各国能源与环境政策制定者正在研究对策。关键还是要在技术上采取必要措施。工业革命时期，工厂的烟囱林立，人们把烟雾腾腾的伦敦称为"雾都"。然而现在世界上究竟有多少个雾都？

在 20 世纪，能源与环境是人类迫切需要解决的问题，它直接影响到世界生态平衡和人类的可持续发展。现在国际上许多国家政府都把《21 世纪议程》当作制定政策的依据。各方面的科学家和工程技术人员都把注意力集中到人类迫切需要解决能源问题的焦点上，为了人类生存发展的共同目的，进行广泛的国际科技合作，攻克难关，创造更美好的明天。《关于环境与发展的里约热内卢宣言》提出："保护和恢复地球生态，防止环境退化，各国共担责任。"中国在《21 世纪议程》中提出："综合能源规划与管理；提高能源效率和节能；推广少污染的煤炭开采技术和清洁煤技术；开发利用新能源和可再生能源。"

最近几十年以来，人们经常可以在传媒中看到"能源危机"的警示。所谓"能源危机"，是指现在人类所使用的主要能源（化石能源）耗尽时，还没有找到足够替代能源这样一种危险。

187

能源危机的提出，主要是基于这样两个事实——能源消耗量的直线上升及化石能源的逐渐枯竭。据统计，2000 年全世界的能源使用量比 1900 年大了 30 倍，这一统计还是属于比较保守的。

由于世界人口的 2/3 生活在发展中国家，他们平均每人的能源消耗只等于富裕地区市民的 1/8，他们正在大力工业化，能耗量增长极快，他们有权利要求避免繁重的劳动和单调的工作，而要做到这一点，就需要"能源奴隶"来代替。

早在 20 世纪 40 年代，曾有人作过一项估算，那时每个美国人使用的动力如果产生于体力劳动，则相当于古代 150 个奴隶的劳动量；20 世纪 70 年代，这个数字已增到将近 400 个奴隶；至 2000 年则可能推进到 1000 个。这些能量所做的，就是过去奴隶曾做的劳动，如烧饭、送人往来、打扇、司炉、浆洗衣物、清除垃圾、演奏音乐以及其他家务劳动。现在干这些劳动的不再是人力，而是用机器来代替了，正是这些机器，代替了人的劳动，消耗了动力，消耗了能源。随着人口的增加，生活需求的增长，对能源的需求量也必将猛增，能源供应的短缺将给人类带来困难。

煤炭、石油、天然气等能源在地壳中的蕴藏量究竟有多大？虽然说法不一，但无论如何总是有限的，连续不断地大量消耗下去，不可避免地会有一天要枯竭，这是历史的必然。以煤炭为例，它是地球上蕴藏量最丰富的化石燃料，据世界能源会议估计，全世界最终可以开发的煤约 11 万亿吨，经济上有开采价值的约有 7370 亿吨。

有人估计，人类到 2112 年时将会消耗掉煤蕴藏量的一半，到 2400 年，地球上的煤将会全部用光。石油怎样呢？虽然它的开采时间不过 100 多年的历史，但人们已经感到"石油枯竭"的威胁。今天人们所说的"能源危机"，实际上就是"石油危机"。世界石油蕴藏量究竟还有多少呢？据土耳其权威的《石油》杂志 1993 年初的估计，大约还值 192840 亿美元，仅够用至 2033 年前后。依 20 世纪 90 年代石油每桶 20 美元计算，世界原油蕴藏量约值 200000 亿美元，其中绝大部分集中在中东地区，以沙特阿拉伯最多，约值 51500 亿美元；伊拉克次之，值 20000 亿美元；阿拉伯联合酋长国排名第三，有 19000 亿美元；第四是科威特，有 18900 亿美元。原油蕴藏量较多的其他国家依次是伊朗、委内瑞拉、俄罗斯、墨西哥，美国排名第九，蕴藏量约值 5230 亿美元，中国有 2000 亿美元蕴藏量，尼日利亚 3400 亿美元，印尼 2200 亿美元，加拿大、挪威、印度各有 1000 亿美元。总之，在今后几十年内，世界石油的绝大部分将被耗尽，到那时，人类将不得不转而起用其他能源。

能源的重要性

能源，对于人类的物质文明有着巨大的影响。能源发展的每一次飞跃，都引起了人类生产技术的变革，推动了生产力的发展。从木炭时代到煤炭时代，从煤炭时代到石油时代，以至原子能开发和各种各样新能源登上能源的消费舞台，都曾使几近停滞的文明开始新的发展。

现代人类社会依赖 2 种能量的供应：①维持人体正常生理功能所需要的能量，②维持社会生产力和日常生活所需要的能量。

第一种能量便是食物。在人体内部，各种物质总是处于相互作用之中，它们不断地发生着化学变化，为此必须有促进化学变化的热能，这就要从食物中摄取糖、淀粉等碳水化合物或脂肪，这些物质经转化而在血液中慢慢"燃烧"，使之产生氧化热，以维持必要的体温。由此而得的热能，通过使用肌肉这一"机械"而转化为运动能，以从事活动和工作。

当然，食物中必须有蛋白质，有钙、铁等矿物营养素。它们构成我们身体各部分的原材料，靠它们制成肌肉、骨骼及内脏器官。生命要进一步进行运动，则必须供给燃料，即能量，这就是碳水化合物和脂肪。一个人只要瞬时失去能源的供应，就将无法生存。

第二种能量则是人类进行生产所必须具备的能源，它和原材料、生产工具共同构成了人类生产的必要条件。并不是只要有了资金、材料和劳动力，社会建设就不存在问题了，如果没有能源，人类就不能建设城镇、村庄，不能制造机器，不能开动火车，不能从事各项研究活动。有人作过这样一个比喻：煤炭、石油或铀等能源好比现代社会的米、麦和面包。离开了能源，社会就将停滞以至灭亡。

人类生活水平和物质文明程度的提高，意味着能源需求量的增加。现在，一般都把每人每年平均能源消费量作为大体衡量该国人民生活水平的标准，因为能源消费增长同人均国民生产总值之间存在着一种互为因果的正面关系，这就是说，能源消费增长，会促进国民生产总值的增长，从而促进个人收入的增加，而个人收入增加又意味着对商品和社会服务有更大的需求，这就又导致消耗更多的能源。当然，这也不是绝对的。

地球上的能源种类繁多，但大致可分为 2 大类：非再生能源和再生能源。前者主要是指化石能源，后者则包括太阳能、水能、风能、生物能和海洋能等。这些能源存在于自然界中，随着人类智力的发展而不断地被发现，被开发利用，而每一种新能源的被发现和被利用，又强有力地推动了人类文明的发展。因此，能源的变迁史是同人类社会文明发展史紧紧联系在一起的。

从能源的利用和人类文化的发展进程看，大致经历了以下四个阶段：原始阶段（火的利用）、木材能源时代、化石能源时代和最后能源时代。煤炭和石油属于化石能源，它们的发现历史已相当悠长，中国早在 3000 多年前就开始使用煤炭，希腊 2000 多年前也开始使用。但由于种种原因，直到近代才达到实用化的地步。蒸汽机的发明和广泛应用，促进了对煤炭燃料的开发利用，直到 20 世纪前半期，煤炭始终占据能源的权威地位，统霸着热源、动力源和电力源。可以说，产业革命以后，文明的发展是靠煤炭推进的。

19 世纪末，人产开始开采石油。1859 年，美国人多列依库开发油田成功，使长眠于地下的石油成为大量供应的燃料。尤其是汽油发动机和柴油发动机的发明，使得石油制品得到了广泛应用，它更加迅速地推进了机械文明和近代文明的发展。进入 20 世纪后半期，石油最后动摇了煤炭的权威地位，在能源消费结构内跃居第一位，占 50% 以上。现在，大多数工业国家的经济几乎完全依赖于石油和天然气作能源，正因如此，每当石油出现紧张时，人们才普遍关心起能源问题来。

今天，人类利用的几乎完全是非再生能源，因此，人们迟早要面对化石燃料完全耗尽这样一个现实，必须探索新的能源。化石能源必将逐步过渡到最后能源时代。据专家预测，2070 年以后，世界将进入以太阳能、地热能、风能、氢能、海洋能和核能、增殖堆等能源为主导的"最后"能源时代。

新能源展望

由于能源是左右人类物质生产发展的主要因素，如果离开了能源，人类的工业和农业就难以发展。正因如此，各国对能源科学的研究都极为重视，对新能源的开发都颇为关注。

新能源一般指太阳能、氢能、地热能、核能、海洋能、生物能、风能等，有的国家将煤炭气化、液化及页岩油、油沙油等也列入新能源之列。在新能源中，名列第一的恐怕是太阳能。据粗略统计，每年太阳照射到地面上的能量要比目前全世界已利用的各种能量的总和还要大 1 万倍。太阳灶是人们直接利用太阳能的设施之一，它结构简单，使用方便，不仅可以用来蒸熟米饭，还可以加热冷水等。我们还可以把太阳能转变为电能，实现这种转换的装置叫太阳能电池，它在航天、远洋、通信等事业中的应用逐渐广泛，人造地球卫星上的帆板就是给卫星上的设备提供能源的太阳能电池。太阳储藏着巨大的热能，据科学家们推断，它在几十亿年内仍是我们地球上最重要的能源。

迄今为止，就世界范围而言，太阳能的利用还是微不足道的。美国科学家正在为太阳能电池寻找新的电导材料，它叫铜铟联硒化物，与以往的结晶硅相比，它既省料又便宜，用它的薄膜制成的一块 10 平方米太阳能组件，可将 11% 的太阳能转换成电能。除此以外，长期让它在阳光下曝晒，性能也不会下降。有关专家相信，新一代太阳能电池材料尽管价格昂贵，但效益高，这些材料主要是指经过改进的结晶硅和ⅢⅤ族化合物，之所以将它们称为ⅢⅤ族化合物，是因为它们结合了化学元素周期表中的第Ⅲ和第Ⅴ族元素，它们的价格较高，但前景可观。例如砷化镓，有科学家称其为最理想的材料，它可以吸收在最佳光谱范围内的阳光，且可以与许多材料形成合金。美国的太阳能工业部门宣称，即使没有新的技术突破，仅仅依靠现有的技术，其也在 2000 年前大量生产洁净的电能。

20 世纪末将是太阳能时代的黎明，太阳能新时代发出的曙光已在驱散人们的疑云。到 2030 年，太阳能采光板将使世界上绝大多数的居民用上热水，成千上万个太阳能集热器出现在千家万户的屋顶上，如同今天的电视天线一样，成为典型的城市建筑奇观。

核能的开发利用开始于 20 世纪 50 年代初。1954 年，世界上第一座实用的核电站在苏联建成，向工业电网并网发电，虽然电功率只有 5000 千瓦，却为人类打开了一座能源的宝库。从此，核能在世界上的发展相当迅速，尤其在能源资源缺乏的国家，核能升为第一位，成了主要的能源。从国际原子能机构公布的结果知道，到 1989 年年底止，全世界的 27 个国家和地区，已经运行了的核电站有 434 座反应堆，总共发电功率有 318 吉瓦，占全世界总电量的 17%。此外，正在建设的核电站有 97 台机组，总共 77 吉瓦。

目前，核电站的主要原料是铀，它是一种放射性元素，铀矿石同煤、石油一样是从地底下开采出来的，只不过铀的蕴藏量远比煤少得多，然而释放的能量却比煤要多得多，1000 克铀裂变放出的热量相当于 2500 吨标准煤燃烧所放出的热量。但是，由于核能对于人类社会和生态环境有着潜在危险，有人将核反应堆视为潜在的原子弹，是"关在笼中的老虎"。因此，如何看待核能源，是人类解决对能源需求日益扩大过程中一个非常紧迫的问题。

地热能是一个不可忽视的能源。地球内部储藏着灼热的岩浆，犹如石油一样埋在地底下，这些岩浆可以把地下水变为蒸汽，如果我们钻一口深井，这些蒸汽就可以冲出地面，我们不仅可以用它来推动发电机发电，还可推动一些其他机器运转。据统计，地球上全部地下热水和热蒸汽的热能约相当于地球全部煤蕴藏量的 1.7 亿倍，但对它的利用，进展比较迟缓。

风能也是一种可利用的能源。古时候，人们曾利用风力带动风车，进而带动石磨转动，用来磨面。现在，在一些风力资源比较丰富的地区，还可用风能带动发电机发电。海洋能有 2 种不同的利用方式：①利用海水的动能，②利用海洋不同深度的温差通过热机来发电。前一种又可分为大范围有规律的动能（如潮汐、洋流等）和无规则的动能（如波浪能）2 类，它们都可设法直接转化为机械能。利用海洋不同深度的温差来达到发电的目的，其潜力也是很大的。

据估计，仅仅靠近美国的那一部分墨西哥湾暖流，就可提供超过当今耗能 100 倍的能量。若是将全世界的潮汐能收集起来，有 10 亿多千瓦，如能充分利用，每年可发电度数大约相当于目前全世界水电站年发电总量的 1 万倍，可见海洋能的开发前景是多么辉煌！另一种大有前途的能源是氢能，作为和电类似的二次能源，它也初露头角。氢能可以由"取之不尽"的阳光来分解"用之不竭"的海水而获得，这是一种比较理想的代替石油的燃料，没有污染，使用方便，还可以直接利用现有的热机，不需要对现有的技术设备作重大的更改。

由此可见，人类能源的出路，一是节流，二是开源。自然界为我们提供的能源在短时期内是不会枯竭的，就看我们如何开发和利用它们了。

节能的必要性和途径

对于现有的化石能源，人们暂时还不可能放弃。尽管能源过渡已提到议事日程，但是技术准备还将经历一段时间。特别是各国情况不同，所需时间差距更大。例如中国目前能源供应 70% 以上依靠煤炭，要想取代煤炭，必须有一个相当长的过程。为了节约化石能源，减少这些能源对环境的污染，世界各国都在研究提高能源利用率的技术，实行开源节流的政策。从开源方面讲，主要是采用代用能源，开发新能源利用。在节流方面，不外是发展各种节能技术，充分利用余热、余能。因此，这涉及非常广泛的技术门类，各国或各地区的技术基础条件不同，对节能的要求也不一样。针对我国的情况，重点将包括以下一些方面。

洁净煤技术

洁净煤也叫清洁煤，是指从煤炭开发利用的全过程中，旨在减少污染排放与提高利用效率的加工、燃烧、转化及污染控制等新技术。主要包括煤炭洗选、加工（型煤、水煤浆）、转化（煤炭气化、液化）、先进发电技术（常压循环流化床、加压流化床、整体煤气化联合循环）、烟气净化（除尘、脱硫、脱氮）等方面的内容。人们也许会觉得奇怪，煤炭又黑又脏，燃烧起来，上冒烟，下吐渣，装运起来灰尘滚滚，怎谈得上"洁净"两字？问题也正在于此，所以，它是煤炭开发利用中非常突出的新技术。为了减少煤炭燃烧时对环境的污染。

早在 20 世纪 80 年代中期，美国和加拿大等国就开始了洁净煤技术的研究，当时主要是针对大型火电厂造成的酸雨危害而进行的。因为电厂燃煤，排放的烟气中二氧化硫的含量过高，遇到高空的水蒸气，就变成含稀硫酸的雨，降落下来称为酸雨，它毁坏森林和农作物，甚至连人们晾晒的衣物也会

煤 炭

遭到损坏。后来各国在燃煤过程中添加石灰等碱性添加剂，使酸性得到中和，但这会降低燃煤的热效率。因此，洁净煤的技术范围又扩大到煤的加工转化领域，它包括燃煤前的净化（脱除硫和其他杂质），煤的燃烧过程净化（使用各种添加剂），燃烧后对烟气的净化，以及使煤炭转化为可燃气体或液体的过程等。现代煤的净化技术，除了减轻环境污染外，还要提高煤的利用率，减轻煤的运输压力，降低能源成本。它是一举多得，需要综合考虑的问题。

目前，煤炭占世界一次能源消费总量的 1/3，在火力发电中占世界发电总量的 44%。其他工业生产中煤的消耗也很大。在许多发展中国家，煤也是人们生活的主要燃料。尽管现在洁净煤技术的推广还存在着不少问题，特别是经济性问题，但它的应用前景十分广阔，科技攻关势头正在兴起。近年来，我国对洁净煤技术非常重视，科研投入逐年加大，部分成果得到国家政策性的支持，形势见好。

在洁净煤技术中，较适合我国国情的是清洁型煤技术。中国现有 40 多万台工业锅炉，20 多万台工业窑炉和 1 亿多个小型炊事炉。如此多的炉窑，

若要全部实行烟气净化，几乎是不可能的。但采用统一生产的"清洁型煤"去控制污染，不烧散煤，则是经济有效和可行的。说起型煤，自然会联想到早期的煤球和蜂窝煤，那是最早的粉煤变块，提高了煤的燃烧效率，在民用煤方面是一大进步。

20 世纪 60 年代国外发展起来的上点火蜂窝煤和把烟煤加工成无烟型煤，又是一大进步。现在的清洁型煤技术则是要求高效、低污染，采用清洁添加剂、防水剂、活化剂等，使型煤的性能更理想。由于型煤的燃烧效率高，可以避免在低效燃烧时容易产生的黑烟、颗粒物和苯并芘等有害污染物。特别是型煤在工业炉窑上的应用，使燃煤洁净化更具有现实意义。

洁净煤技术研究进展

195

1. 选煤

选煤是发展洁净煤技术的源头技术。1997 年中国有选煤厂 1571 座，选煤能力 483.15 兆吨，入选量 338.19 兆吨，入选率 25.73%。煤炭洗选的重点已由炼焦煤转为动力煤。目前，中国已成功研究出可分选粒径小于 0.5 毫米粉煤的重介质旋流器、水介质旋流器、离心摇床和多层平面摇床，适用于高硫难选煤中黄铁硫矿的脱除。选择性絮凝法、高梯度磁选法脱黄铁硫矿的研究也取得了一定的成果。煤炭科学研究总院唐山分院开发的复合式干法分选机，其性能优于风力跳汰和风力摇床。中国矿业大学开发的空气重介质流化床干法选煤技术已实现工业化，在黑龙江省建成了世界上第一座空气重介质流化床干法选煤厂，这是选煤技术的一次重大突破。已研制成功的 50 吨/时空气重介质流化床干法选煤机，其技术水平处于国际领先地位。

2. 型煤

型煤被称为"固体清洁燃料"。煤经过破碎后，加入固硫剂和粘合剂，压制成有一定强度和形状的块状型煤，燃用型煤可减少烟尘、SO_2 和其他污染物的排放。目前，中国民用型煤技术已达国际水平，实现了商业化，年生产能力约 50 兆吨, 无烟煤下点火蜂窝煤得到全国推广, 烟煤、褐煤上点火蜂窝煤消烟技术也取得突破。最近几年, 中国工业型煤研究取得很大进展。北京煤化所研究开发了优质化肥造气用型煤、煤气化用煤泥防水型煤、发生炉及工业窑炉型煤等多项型煤技术。中国矿业大学北京研究生部完成的第三代洁净型煤技术, 采用独特的"破粘、增粘"工艺, 突破了型煤高效无烟燃烧、高效固硫、低烟尘、致癌物分解等关键技术, 通过改变调整型煤的多项煤质指标, 实现了型煤的多样化、专业化和系列化, 建立了测定评价型煤工艺参数的成套方法, 并研制出高性能/价格比的型煤系列专用设备、超短型煤工艺流程, 以及由工业废弃物制成的廉价添加剂。

3. 水煤浆

水煤浆又称煤水燃料。它是把低灰分的洗精煤研磨成微细煤粉, 按煤与水比例 7:3 左右匹配, 并适当加入化学添加剂, 使成为均匀的煤水混合物。

这种新型燃料, 既具有煤的物理和化学特性, 又有像石油般的良好流动性和稳定性。它便于贮运, 可以雾化燃烧, 且燃烧效率比普通固体煤为高, 污染也少。

水煤浆在一定范围内可以替代石油, 如用于烧锅炉, 当然还不能用于开汽车, 但总可以扩大煤的用途。目前, 日本、瑞典、美国和俄罗斯都在开发此项技术, 我国也建立了水煤浆生产和应用基地, 以取代一部分燃料油。实践表明, 1.8~2.1 吨水煤浆可以替代 1 吨燃料油, 这在经济上是可行的。

由于水煤浆燃烧较充分, 热效率可达 95%。使用水煤浆的环境效益也较好, 排烟和排灰量都显著减少。我国煤多油少, 发展水煤浆前景较好, 国家对此十分关注。

根据我国能源组成特点和能源地理分布的不均衡性, 我国水煤浆技术开发旨在解决工业锅炉、窑炉及电站的节油、代油、节能, 并降低燃烧污染物的排放。同时, 水煤浆管道输送技术减轻了煤炭调运给铁路运输和大气洁净度带来的沉重负担。

目前，我国已掌握了一套完整的水煤浆生产使用技术，迄今已建成总能力为 100 万吨/年的 6 个制浆厂，2 个添加剂厂，3 个覆盖制浆、贮存、管道输送、锅炉和窑炉燃烧全过程的水煤浆实验研究中心，还建立了中国水煤浆成浆性数据库和多个商业性示范工程，已具备工业化应用的条件。山西孟县至山东潍坊年运量 5 兆吨水煤浆输送管道已开始建设。山东鲁南化学工业集团公司在引进国外软件包的基础上，开发成功了世界上第 5 套水煤浆加压气化及气体净化制合成氨生产装置，国产化率达 90% 以上，解决了用普通褐煤、烟煤造气的世界性难题。之后，中国引进的大型水煤浆气化生产煤气、甲醇和合成氨装置，先后在上海焦化总厂、陕西渭河化肥厂建成投产。这标志着中国水煤浆气化技术已跨入先进国家行列。

4. 流化床燃烧

流化床燃烧是一种新型燃烧方式。在燃烧过程中，加入以石灰石为主的脱硫剂，可以有效地控制 SO_2 的排放。相对较低的燃烧温度也大大降低了氮氧化物的生成。工业上分为常压循环流化床（CFBC）和增压流化床（PFBC）。

目前，国内已建成常压循环流化床装置 18 台，单台容量最大为 410 吨/小时。在设计基础研究方面也取得了一些进展。1998 年，清华大学完成了循环床专用设计软件，另外还完成了镇海石化 220 吨/小时燃用石油焦循环床的仿真机开发，与四川锅炉合作进行 125 兆瓦再热炉型的工程设计研究。1999 年将着重于 220 吨/小时、410 吨/小时国产循环流化床锅炉的开发工作。中国增压流化床技术开发进入示范工程阶段。由东南大学和徐州贾旺电厂共同承担的"九五"攻关项目"增加流化床联合循环工程中试试验"已完成全系统调试。

5. 整体煤气化联合循环（IGCC）

煤气化联合循环发电是目前世界发达国家大力开发的一项高效、低污染清洁煤发电技术，发电效率可达 45% 以上，极有可能成为 21 世纪主要的洁净煤发电方式之一。中国 IGCC 关键技术研究已启动，工程示范项目处于立项阶段。该项目的研究内容包括 IGCC 工艺、煤气化、煤气净化、燃气轮机和余热系统方面的关键技术研究。其成果将为中国建设 IGCC 示范电站打下技术基础。

6. 煤炭气化及液化

（1）煤炭气化技术。煤炭气化是一种热化学过程，通常是在空气、蒸汽或氧等作气化介质的情况下，在煤气发生炉中将煤加热到足够的温度，使煤变化成一氧化碳、氢和甲烷等可燃气体。即把固体的煤变成气体，所以叫气化。因为煤炭直接燃烧的热利用效率仅为15%～18%，而变成可燃烧的煤气后，热利用效率可达55%～60%，而且污染大为减轻。煤气发生炉中的气体成分可以调整，如需要用做化工原料，还可以把氢的含量提高，得到所需的原料气，所以也叫合成气。

研究煤的气化已有200多年的历史，方法很多，如丰塔纳的水煤气法、西门子的煤气发生炉和温克勒的流化床气化炉等。在现代煤的气化技术中，有鲁奇炉、K–T炉、德士古炉、温克勒炉和西屋炉等，这些都是国外工业化煤的气化设备。

我国煤炭气化技术研究也有几十年的历史，后来又引进了国外一些先进的气化设备，目前正在实现煤气化设备国产化。同时，我国也研制了几套工业试验装置，如固定床干态排灰加压气化的中间试验装置，中国科学院山西煤化所的两段炉煤气化工业装置等。浙江大学热能工程研究所开发的循环灰载热流化床气化与燃烧技术，它是在循环流化床锅炉旁设置一干馏气化炉，利用该锅炉的高温灰使气化炉气化吸热，燃料首先送气化炉裂解和蒸汽气化，产生中热值煤气，经净化后供作民用燃料。气化后的半焦灰送循环流化床锅炉燃烧产汽、发电，实现燃气、蒸汽联产，热、电、气三联供。

这样综合利用，燃料利用率高于90%，而且对环境污染小，特别适合中小城镇进行煤炭的综合利用，它对煤种的适应性也较强，可采用褐煤、烟煤，甚至加入各种可燃的生物质燃料，如农林废弃物等，以节约煤炭。

（2）煤炭液化技术。煤炭液化是将固体煤转化为液体燃料，俗称"人造石油"。因为煤和石油都是碳氢化合物，它们的区别只是煤中的氢元素比石油少。如果人为地将煤中的含氢量提高，通过一定的化合过程，使碳氢比接近石油，煤就液化成了石油。

当然，说起来很简单，其实真要把氢加到煤中去，使煤液化却非轻而易举的事。多少年来，化学家们为了实现这一理想，不知费了多少精力。煤的液化确实比煤的气化更难。但是谁都知道，液体燃料比固体和气体燃料使用方便，它可以广泛应用于交通工具上，例如汽车、飞机等都是离不开液体燃料的。从资源上来说，煤的储量远远超过石油的储量，因此煤的液化非常吸引人。通常煤的液化分间接液化和直接液化两大类。间接液化是在煤的气化基础上，将合成气中的一氧化碳和氢气进一步合成为液体燃料。这在进行煤炭综合利用中，可生产出人造石油和其他化工产品。前面提到的两段炉煤气化技术，原是为人造石油做准备的。但是目前石油尚能供应，且油价较低，如此费力地用煤来生产石油，从经济上考虑是不合适的，只可作为技术储备。

煤炭的直接液化，方案有不少，其中如高压催化加氢液化法，其工艺过程是将煤粉和煤焦油混合在一起，形成稠糊状，加进专门的催化剂，在高温高压容器中，隔绝空气，通进氢气，最终就能获得液体燃料。目前，德国、日本等国已在这方面做了较深的研究，尚未实现工业化生产，但已被公认为是当代煤的液化的高技术。

尽管由于国际石油价格偏低，对煤的液化有一定影响，但一些发达国家，特别像日本、德国等缺乏石油资源的国家，时刻感到石油的潜在危机，南非是盛产煤炭的国家，也把煤的液化摆在重要地位。世界上早期建设的煤液化工厂都相继停产转产，唯独南非的三座煤液化工厂仍保持年处理煤3300吨的能力。日、德已把煤直接液化的压力由70兆帕降到10兆帕，反应时间由1小时多降到几分钟，并且试验了几十种煤用于直接液化，其中还设计出日产合成油7000吨的工厂。预计当石油价格每吨达到175～210美元，从煤生产的液化油就有竞争力了。

我国是产煤大国，开发和掌握先进的煤液化技术，发展前景是十分美好的。1997年4月，中国和日本已商谈在我国黑龙江合资开发年产100万吨的煤炭液化石油项目，将使我国的煤炭液化变为现实。

目前全国每年气化用煤量约60兆吨。中国中小型气化以块煤固定床气化技术为主，普遍存在技术水平落后、效率低、污染严重等问题；大型煤气化以技术引进为主，有三组德士古水煤浆气化装置投入生产化工合成气；常压粉煤流化床气化在上海三联供项目中投入运行；加压固定床技术用于化肥和城市煤气生产。1995年中国矿业大学开发的"长通道、大断面、两阶段地下气化"技术在唐山刘庄煤矿进入工业性试验，1997年9月通过了技术鉴定。"短壁气化回采"技术结合气化技术和井下采煤技术，采取井下操作，分条带实现气化，具有井下操作、投资低的特点。该技术于1997年8月至1998年1月在依兰煤矿进行了40平方米工作面空气煤气造气试验；1998年6月至8月在义马煤矿进行了试验造气，后在鹤壁煤矿气化工作面投产，日气化煤40吨。

煤炭直接液化技术是指煤直接通过高温高压加氢获得液化燃料或其他液体产品的技术。20世纪80年代以来，北京煤化所开展国际合作，已建成具有世界先进水平的煤炭液化油品提质加工和分析检验实验室，建有3套规模为0.1~0.12吨/天的煤炭直接液化连续试验装置，掌握了直接液化、煤液化油提质加工为汽油、柴油的工艺，达到了发达国家同期的研究水平。直接液化由于经济上的原因，尚需进一步等待时机，其示范装置不久将建成。

煤炭间接液化技术是指煤先经过气化制成 CO 和 H_2，然后进一步合成，得到烃类或含氧液化燃料和化工原料的技术。中国科学院山西煤化所将传统的 F-T 合成法与选择型分子筛相结合，开发成功煤基合成汽油新工艺（MFT），相继完成了工业单管模式和中间试验，已建成年产2000吨汽油、副产7.5兆立方米城市煤气的工业示范性装置。为中国多煤少油地区的煤炭能源转化开辟了一条切实可行的有效途径。

7．污染控制

目前，中国自行研制开发了旋转喷雾干燥脱硫技术、磷铵肥法脱硫等新工艺，掌握了喷雾干燥脱硫技术。清华大学还试验成功了烟气脱硫剂悬浮循环技术。对中小型工业锅炉投资少、脱硫效果好同时兼具除尘效果的旋流塔板吸收法烟道气净化技术，也在研究开发之中。

目前中国燃煤电厂已建或在建的脱硫设施有 15 项，正在进行或已经通过可行性研究报告审查的脱硫项目有 9 家。

8. 煤系废弃物综合利用

中国煤炭资源的大量开采和低效率的利用，产生了大量煤泥、煤矸石、炉渣、粉煤灰等废弃物。这些废弃物利用技术已日趋成熟（如煤泥制水煤浆、煤泥和煤矸石燃烧、混烧技术、炉渣作水泥原料、粉煤灰制作各种建材的成型技术），有待于推广和应用。经过政府的倡导和支持以及广大科技工作者的共同努力，中国洁净煤技术取得了较大进展，基本覆盖了煤炭开发利用的全过程。但与发达国家相比，尚有较大差距。大力发展洁净煤技术，是中国煤炭工业的未来和希望，对其他相关工业也将产生重大影响。

煤炭燃烧转化新技术

我国工业及供暖锅炉多采用层燃炉，这种炉型普遍出力不足，热效率只有 50% ~65%，且造成污染严重，亟待改造。煤炭燃烧的新技术主要表现在炉型改造上。相对于旧式固定床的为流化床，它是采用沸腾燃烧技术，即把煤和吸附脱硫剂（石灰粉）加入燃烧室的床层中，并从炉层鼓风，使床层悬浮成沸腾状，进行流动化燃烧。这样可以提高燃烧效率，并能脱硫。

循环流化床锅炉是在普通流化床的基础上进一步提高了燃烧效率，它是利用高速空气把煤和吸附脱硫剂输入炉内，并把生成的煤焦油及飞扬的细粉燃料和吸附剂返回燃烧器进行辅助燃烧，因此煤的燃烧效率可达99%，脱硫效率也能提高，烟气排放污染物少。此种技术国外多用于火力发电，我国也列为国家重点科技攻关项目。

煤气化联合循环发电是将煤的气化净化与联合循环装置结合起来的一种燃煤火力发电系统。常规的燃煤发电效率为 30% ~35%，此种联合循环发电系统的效率可在 40% 以上，国外已将此技术列为火力发电的先进技术，美国已建成此种发电厂。它是将煤气化后的燃料气驱动燃气轮机发电，余气用来烧锅炉，产生蒸汽再驱动汽轮机发电。

这种多级循环，最大限度地把一次能源充分利用变成电能，效率达45%。同时，这样排出的烟气比常规火电厂减少污染物50%，固体灰渣减少75%。我国拟在煤矿建设这种坑口电站，以减轻煤炭运输，改运煤为输电，经济效益较好。

石油新型加工技术

根据已探明资料，石油资源有限，国际上对石油深度加工较为重视。近年来，我国也加强了石油新型加工技术。在五花八门的石油加工技术中，加氢裂化技术很具代表性，它对原料的适应性强，产品质量好，收率高。

在石油炼制过程中，加氢裂化可以提高汽油或柴油的产量和质量。加氢裂化技术的产品方案十分灵活，可按不同原料采用不同工艺和不同的操作条件。

除加氢裂化外，催化裂化、铂重整和异构化等石油加工技术都有新的发展。不仅可以获得更多的高质量精炼油品，还可以副产多种化工产品，以求最大限度地综合利用资源。

海上油田

磁流体发电技术

磁流体发电的工作原理和普通发电机发电的原理一样，都是遵循法拉第电磁感应定律的，所不同的是磁流体发电是利用高温导电流体高速通过磁场切割磁力线，而产生电磁感应电动势。当闭合回路中接有负载，则有电流输出。这种发电方式不需要发电机，不需要经过热能转换为机械能，然后再由机械能转换为电能，它是直接由热能转换为电能，省掉了中间转换的能量损失，所以总的发电效率高。

同时，由于没有高速旋转的机械部件，当然这方面的机械事故也少。

它的结构紧凑，单机容量大，启停迅速，是一种最新型的发电方式。目前，这种新的高效发电方法尚未商业运行，关键涉及一些高技术和新型材料。

目前，美、俄、日等国都在集中力量研究，我国也在高技术研究规划中列有项目，并在北京、上海建立了试验装置。集中了科学院、高等院校和工业企业的高级技术力量，进行重点科技攻关。

磁流体发电比蒸汽发电的热利用率高，一般为 45% ~ 55%（蒸汽轮机发电的热效率约 30%）。而且磁流体发电后的燃气还可进行燃气蒸汽联合循环发电，即一级接一级地发电。磁流体发电的电离添加剂为碱性化合物，可以吸收燃气中的氧化硫，故对环境污染少。同时它用水也少，可节约冷却水 50% 左右。

我国 20 世纪 60 年代开始研究磁流体发电是以油为燃料，后来考虑用煤更为合理，故研制以煤为燃料的新技术。但煤需要首先气化，技术上更为复杂。

工业余能回收

在工业生产中总是有一部分余能未被利用，技术越落后，余能就越多。发展中国家一般设备陈旧，余能浪费偏大。我国的能源利用率在世界上也属于偏低水平，回收工业余能任务艰巨。从开源节流出发，回收利用工业余能是首要问题。

余热利用可分为直接利用、间接利用和综合利用。直接利用多在生产环节中作为预热、烘干原料、提供生活热水和发展养殖业等；间接利用可通过余热锅炉、换热器等生产热水和发电；综合利用是在生产和生活中合理安排，一能多用，逐级利用，直到把热能用尽为止。